高职高专服装专业纺织服装教育学会"十二五"规划教材

CorelDRAW

Clothing Design Performance

CorelDRAW
成衣设计表现

丰蔚　张婷婷　编著

中国轻工业出版社

图书在版编目（CIP）数据

CorelDRAW成衣设计表现 / 丰蔚，张婷婷编著. —北京：中国轻工业出版社，2018.8

高职高专服装专业纺织服装教育学会"十二五"规划教材

ISBN 978-7-5019-8826-6

Ⅰ.①C… Ⅱ.①丰… ②张… Ⅲ.①服装设计 – 计算机辅助设计 – 图形软件 – 高等职业教育 – 教材 Ⅳ.①TS941.26

中国版本图书馆CIP数据核字（2012）第208991号

内容简介

本书根据现代服装职业教育的特点，选取了由浅至深的若干设计案例，结合由简单到复杂的CorelDRAW软件应用方法，形成方便教学的学习领域，适应边学边用的职业教学特点。同时结合适量的成衣设计知识，提倡以设计带动表现，以表现体现设计，将设计意识和设计知识根据学习需求有侧重地体现在各个章节，形成相互连贯、逐步深入的教学层次，适用于高职院校教学需求以及广大的服装设计爱好者。

责任编辑：张文佳

策划编辑：杨晓洁　　　责任终审：劳国强　　　封面设计：锋尚设计
版式设计：锋尚设计　　　责任校对：吴大鹏　　　责任监印：张　可

出版发行：中国轻工业出版社（北京东长安街6号，邮编：100740）

印　　刷：北京画中画印刷有限公司

经　　销：各地新华书店

版　　次：2018年8月第1版第2次印刷

开　　本：889×1194　1/16　印张：6.5

字　　数：220千字

书　　号：ISBN 978-7-5019-8826-6　定价：38.00元

邮购电话：010-65241695

发行电话：010-85119835　　　　　传真：85113293

网　　址：http://www.chlip.com.cn

Email：club@chlip.com.cn

如发现图书残缺请与我社邮购联系调换

180980J2C102ZBW

前言

使用CoreIDRAW进行成衣设计，起始于成衣设计教学的需要。我们上大学那会儿，还没有使用电脑进行设计的习惯，数字技术才刚刚起步。第一次意识到CoreIDRAW对于专业的重要性，是若干年前接触某家外贸服装企业，由于来样加工的生产特点，需要将样衣绘制成平面款式图，并且详细标明工艺流程和细节，以方便下线的加工部门进行生产和质量监管。基于CoreIDRAW强大便捷的勾线功能，使得操作人员可以快速掌握、便捷应用，因而在服装企业中获得了越来越多的认可。据我了解，在南方以及北方的使用都很普遍。但是使用CoreIDRAW进行效果图绘画的还比较少，因为与Painter、Photoshop等设计软件相比较，CoreIDRAW缺乏手动绘画模拟的灵活性，无论是线条还是填色，都较为规整概括而缺乏细腻丰富的变化。如今，经过历代改良之后的CoreIDRAW软件，也在逐渐完善这方面的功能，如在CoreIDRAW X5中的滤镜功能，已能够自由地转换位图模式并且添加较多丰富生动的特效了。

作为一名设计人员，频繁地在软件之间转换完成一张满意的设计图是比较麻烦的，尽管操作熟练后也能够做到。但是如果一种软件就能够满足设计需要，那无疑是为设计者的工作提供了更多的方便。这就是所谓的职业需求，也正是职业教育所希求的。从这一点来讲，CoreIDRAW具有上手快、应用广的特点，稍稍深入学习之后，就会发现只要钻研，就会获得有无限可能的效果表现，并且具有独特的风格和特点。书中根据学习习惯，选取了由浅入深的若干设计案例，结合由简单到复杂的软件应用方法，形成方便教学的学习领域，适应边学边用的职业教学特点。在技术应用操作方面，第一次或前几次出现的操作讲得比较细一点，相同的操作技巧在后面的章节较为简练，以避免重复。

虽然本书教授软件操作的内容篇幅较大，但是却强调边设计边表现。在服装专业教学中，一般将成衣设计与效果图表现作为单独的两门课程，以便于深入学习。而在效果图绘画的课程中，却往往过分重视绘画技巧的表现，缺乏设计的灵动性。这就背离了学习服装专业的核心在于创意思维开发而非艺术绘画再现。同时，脱离了设计乐趣的软件技法学习也多少有些枯燥。因此，笔者提倡以设计带动表现，以表现体现设计，设计意识和设计知识根据学习需求有侧重地体现在每个章节，形成相互连贯、逐步深入的教学层次。在案例选取上，也结合近年成衣市场的流行特点，因为流行一向是成衣设计的风向标，没有流行也就没有设计。

由于笔者水平所限，书中难免存在偏颇和欠缺，还恳请广大读者给予批评指正。

编者

2012年11月

第一章

成衣设计与CorelDRAW

第一节　成衣设计概述　008

一、成衣设计　008

二、成衣设计表现形式　008

三、数码成衣设计　010

第二节　CorelDRAW X5操作简介　010

一、认识CorelDRAW　010

二、CorelDRAW X5　011

第二章

成衣款式设计

第一节　款式设计原则　016

一、廓形设计　016

二、细节设计　018

三、案例——口袋设计　018

四、习题　021

第二节　裙装设计　021

一、裙装设计分类　021

二、裙装设计案例——A型裙　022

三、裙装设计案例——O型裙　026

四、裙装应用图例　029

五、习题　029

第三节　裤装设计　030

一、裤装设计分类　030

二、裤装设计案例——工装休闲裤　031

三、裤装设计案例——低胯七分裤　034

四、裤装应用图例　036

五、习题　036

第四节　上装类设计　037

一、上装类设计分类　037

二、案例——工作服设计　037

三、案例——衬衫设计　041

四、案例——连衣裙设计　043

五、案例——女西装设计　044

六、上装类应用图例　046

七、习题　046

目　录
contents

第三章

色彩与材质设计

第一节　成衣色彩设计 ⋯⋯⋯⋯⋯⋯⋯⋯ 048

一、色彩设计原则 ⋯⋯⋯⋯⋯⋯⋯⋯ 048

二、案例——色彩搭配 ⋯⋯⋯⋯⋯⋯ 050

三、案例——色彩与质感 ⋯⋯⋯⋯⋯ 053

四、习题 ⋯⋯⋯⋯⋯⋯⋯⋯⋯⋯⋯ 058

第二节　图案设计 ⋯⋯⋯⋯⋯⋯⋯⋯⋯ 059

一、图案设计原则 ⋯⋯⋯⋯⋯⋯⋯⋯ 059

二、案例——连续式图案 ⋯⋯⋯⋯⋯ 060

三、案例——几何形图案 ⋯⋯⋯⋯⋯ 062

四、案例——混搭图案 ⋯⋯⋯⋯⋯⋯ 064

五、图案应用案例 ⋯⋯⋯⋯⋯⋯⋯⋯ 069

六、习题 ⋯⋯⋯⋯⋯⋯⋯⋯⋯⋯⋯ 069

第三节　材质设计 ⋯⋯⋯⋯⋯⋯⋯⋯⋯ 070

一、材质设计原则 ⋯⋯⋯⋯⋯⋯⋯⋯ 070

二、案例——牛仔材质 ⋯⋯⋯⋯⋯⋯ 071

三、案例——针织材质 ⋯⋯⋯⋯⋯⋯ 074

四、习题 ⋯⋯⋯⋯⋯⋯⋯⋯⋯⋯⋯ 078

第四章

着装效果设计

第一节　人体动态设计 ⋯⋯⋯⋯⋯⋯⋯ 080

一、衣用人体比例与结构 ⋯⋯⋯⋯⋯ 080

二、人体动态 ⋯⋯⋯⋯⋯⋯⋯⋯⋯ 081

三、人体与服装 ⋯⋯⋯⋯⋯⋯⋯⋯ 082

四、基础人体案例 ⋯⋯⋯⋯⋯⋯⋯⋯ 083

五、彩色人体动态绘制案例 ⋯⋯⋯⋯ 084

六、习题 ⋯⋯⋯⋯⋯⋯⋯⋯⋯⋯⋯ 086

第二节　整体着装效果设计 ⋯⋯⋯⋯⋯ 087

一、写实效果设计 ⋯⋯⋯⋯⋯⋯⋯⋯ 087

二、平涂勾线效果设计 ⋯⋯⋯⋯⋯⋯ 090

三、习题 ⋯⋯⋯⋯⋯⋯⋯⋯⋯⋯⋯ 096

第三节　系列着装效果设计 ⋯⋯⋯⋯⋯ 096

一、系列设计图例 ⋯⋯⋯⋯⋯⋯⋯⋯ 096

二、操作步骤 ⋯⋯⋯⋯⋯⋯⋯⋯⋯ 097

三、习题 ⋯⋯⋯⋯⋯⋯⋯⋯⋯⋯⋯ 103

参考文献 ⋯⋯⋯⋯⋯⋯⋯⋯⋯⋯⋯⋯ 104

第一章

成衣设计与
CorelDRAW

▌第一节　成衣设计概述

一、成衣设计

（一）成衣

成衣是近代服装行业中的专业术语，起源于工业化大生产的加工方式，指服装企业按照标准号型批量化生产的成品服装。可以说，人们日常穿着的大多数服装都属于成衣，但"成衣"一词的使用，一般是用于强调和区别于非工业化生产的服装，是较为专门化的表述形式。

成衣作为工业产品，符合批量生产的经济原则，生产机械化，产品规模系列化，质量标准化，包装统一化，并附有品牌、面料成分、号型、洗涤保养说明等标识。

（二）设计

"设计"一词，其语义非常广，人们日常生活的方方面面都与设计有关。设计（design）一词来自于拉丁语designare，意大利语disegno，法语dessin的融合。所谓设计，指的是一种计划、规划、设想、解决问题的方法，是通过视觉方式传达出来的活动过程。设计即合理应用视觉美的基本原则，安排好线条、形体、色调、色彩、肌理、光线、空间等各视觉元素。现在，设计不光指视觉上可以感知的形和色，像使用方法、思维方式等看不见的部分也被包括在设计的范畴之中。

（三）成衣设计

成衣设计指以批量生产的成衣为设计对象的设计活动。成衣设计没有单一具体的顾客对象，而是以某个顾客群体为设计目标，根据市场需求和生产技术手段的要求来进行设计，有商业品牌，并在长期的经营过程中形成一定的品牌形象和品牌文化。目前，一般商店出售的品牌服装都可称为成衣。它具有能够被批量化生产和复制的制造可能，其风格是可被某些消费群体接受的、具有市场价值的服装产品。

二、成衣设计表现形式

一个完整的成衣设计过程包括两个步骤：一是计划和构思，二是将设想进行可视性的实现。也就是说，设计必须通过思维和物化表现这两个环节来实现，两者缺一不可。仅有思维，设计只能存在于自己的头脑中，别人无法了解，即便通过口述来表达，也仍然会产生误解，尤其在设计方案比较复杂时就更是如此，因此必须通过一定的形式将设计思维表达出来，即将抽象的思维转化为具象的形式。成衣设计过程中，表现形式有两种：绘制设计效果图和用服装材料制作成衣来直接表达设计构思。由于设计效果图相对经济实惠、快捷便利，因而往往成为阐述设计构思的首选，即首先通过设计效果图的展现，指导进行服装的实物制作过程、修正设计效果。

（一）设计草图

设计草图是以记录、捕捉灵感为目的的，在表现形式上往往寥寥数笔，粗略夸张，强调设计者的想象力、突出思维重点，表现方法是否深入到位并不十分重要。

（二）设计款式图

设计款式图具有"工程图"的作用，为服装的裁剪制作过程以及公司技术部门之间的有效沟通提供了依据，是成衣设计的重要表现方式。这需要首先对服装结构有充分的了解，服装结构的细节均应交代清楚，如：是褶皱还是省道、是结构线还是装饰线等，均不能含糊。本书的前半部分基本讲述的就是设计款式图。

（三）设计效果图

设计效果图注重的是设计的表现能力，通过对服装、人体以及背景的造型和技法进行综合体现。根据设计效果图的服务目的不同，所采取的表现方式也有所不同。

用于宣传推广的设计效果图，往往具有生活插画或者艺术时装画的特点，突出营造设计的生活氛围以及艺术气息，如图1-1-1所示，David Downton 为世界著名品牌H&M所做的2011年产品宣传册中，用寥寥数笔突出刻画了时尚简洁的款式造型，并以线的形式突出了领巾设计细节，获得丰富的艺术效果。

而用于公司以及客户沟通的设计效果图，则讲求细节的准确到位，同时具有一定的感染表现力，表达设计意图、传递设计理念。如图1-1-2所示，Anonymous 在1969年为设计师Louis Feraud 所做的设计宣传中，精确地交代了设计款式的每个细节，甚至用文字标明了款式特点、编号以及价格，直接引导消费。

参加设计比赛的设计效果图，往往突出设计者自己的设计概念和风格，比较注重绘画性的相应表现，以获得最佳的视觉效果，使自己能够在众多设计者中脱颖而出。目前国内各项服装设计比赛均以设计效果图作为评选的第一阶段。

▲ 图1-1-1

▲ 图1-1-2

三、数码成衣设计

随着数字化时代的到来，计算机的应用使成衣设计的表达形式有了新的发展。数码技术的飞速发展使优秀绘图软件不断完善，在成衣设计过程中，应用数码软件能够简洁、快速地表达设计效果，方便存储、修改和传送，从而极大地提高了工作效率。如今数字化技术已逐渐取代传统的画笔，成为成衣设计师的主要创作工具。如图1-1-3所示，是著名的时装画家Jason Brooks的数码作品。Jason Brooks是最早应用数字技术进行时尚创作的艺术家之一，这幅作品运用21世纪的数字技术再现了20世纪60年代的时装设计师Versace的设计风格。在这幅作品中，数字技术使得画面填涂均匀、色彩饱满，流畅的线条和图形极其富有现代装饰感。

▲ 图1-1-3

▌第二节　CorelDRAW X5操作简介

一、认识CorelDRAW

CorelDRAW是一款优秀的矢量图形设计软件。它由全球知名的专业化图形设计开发商Corel公司于1989年推出，目前最新的版本是CorelDRAW X5。

由于操作便利，CorelDRAW既适合初学者使用，又能够满足专业人士的需要，尤其适合快速准确地表达成衣设计的造型结构、线条、色彩以及材质肌理等，因而适合商业生产和交流的需求，在服装企业中得到广泛的应用。CorelDRAW功能强大、直观易学，还被广泛应用在平面设计、包装装潢、书籍装帧、印刷出版、网页设计、多媒体设计等众多领域。

二、CorelDRAW X5

（一）工作界面

启动CorelDRAW X5后，单击欢迎界面中的"新建空白文档"，可新建页面，
系统默认新建页面的大小为A4，如图1-2-1，图1-2-2所示。

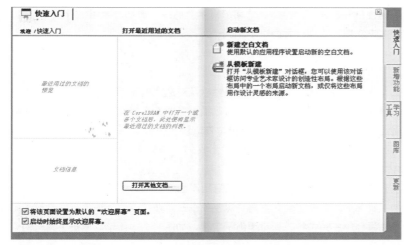

▲ 图1-2-1

▲ 图1-2-2

新建页面后，即可进入工作界面。工作界面主要包含标题栏、菜单栏、标准
工具栏、工具属性栏、工具箱、状态栏、标尺以及调色板等，如图1-2-3所示。

1. 标题栏

标题栏位于整个窗口的顶部，显示应用程序过程和当前文件名。标题栏右面
的窗口控制按钮包含了"最大化"、"最小化"和"关闭"3个按钮，单击这些按钮
可以执行相应的操作。

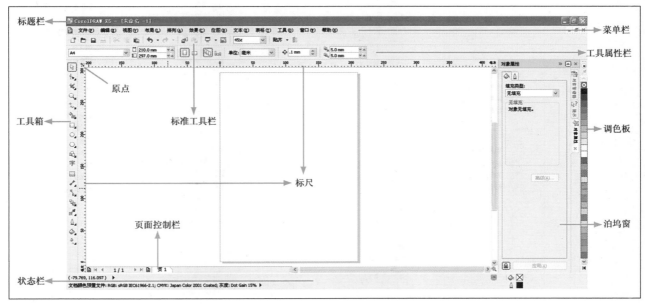

▲ 图1-2-3

2. 菜单栏

菜单栏集合了CorelDRAW X5的所有命令，包括文件、编辑、视图、布局、排列、效果、位图、文本、表格、工具、窗口、帮助12个选项。单击每一个菜单命令，都会弹出一个下拉菜单命令集，可通过此菜单选项选择要执行的命令。

3. 标准工具栏

标准工具栏集合了一些常用的功能命令，以便于快捷操作。从左至右依次为：新建、打开、保存、打印、剪切、复制、粘贴、撤销、重用、导入、导出、应用程序启动器、欢迎、页面显示比例、贴齐选项。

4. 工具属性栏

工具属性栏显示的是图形对象的属性以及对选定图形所应用的交互式效果的属性。该属性栏具有智能的特点，它可以根据当前正在操作的图形对象来显示相应的属性内容。这些工具使用起来十分方便、快捷。

5. 工具箱

工具箱包含了CorelDRAW X5的所有绘图命令，包含了进行成衣设计过程最常用的工具命令。有些工具右下角有黑色的小三角按钮，表示该工具包含有子工具，单击黑色小三角按钮，即可弹出子工具，如图1-2-4所示。单击工具箱的空白区域，可在跳出的对话框中选中"锁定工具栏"，即可将工具栏锁定，避免不小心将其关闭或移动。

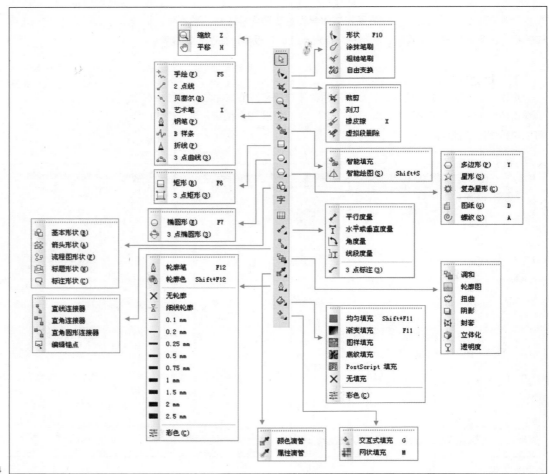

6. 标尺与原点

使用标尺和原点可以更准确地绘制、缩放和对齐对象。由水平标尺、垂直标尺和原点组成，根据需要可以重新设定坐标位置。在标尺交叉的位置处按住原点 ⟨ ⟩ 并拖动至目标位置，即可确定新的坐标和原点，双击原点起始点即可恢复旧坐标和原点。

7. 调色板

调色板位于窗口的最右边，默认呈单列显示。通过单击调色板的"向上" ⟨ ⟩ 按钮或"向下" ⟨ ⟩ 按钮，或者直接拖动滑块，可以显示更多的颜色。

8. 状态栏

状态栏位于窗口的底部，分为两部分，左侧显示鼠标指针所在的屏幕位置的坐标，右侧显示所选对象的填充色、轮廓线颜色和宽度等。

9. 泊坞窗

泊坞窗包含了众多与特定工具或任务相关的命令和设置，不使用泊坞窗时可将其最小化。执行菜单命令中的"窗口"—"泊坞窗"命令，可在弹出的子菜单中打开各种泊坞窗。

（二）基本操作

1. 打开文件

打开文件的操作步骤如下：执行"文件"—"打开"命令，弹出"打开绘图"对话框，按照相应路径寻找需要打开的文件即可。

2. 保存文件

（1）从未保存过的新文件：执行"文件"—"保存"命令（或快捷键ctrl+s或点击标准工具栏中的"保存"图标 ⟨ ⟩ ），如图1-2-5所示，对文件进行命名、选择存储格式、版本以及其它设置，进行相应保存。需要注意的是，CorelDRAW X5的保存版本较高，如果希望该文件在较低的CorelDRAW 版本中也能够打开，就需要将存储版本设置在相对较低的版本格式中，否则将不能打开。

▲ 图1-2-5

（2）已保存过的文件：执行"文件"—"保存"命令，或按快捷键ctrl+s或点击标准工具栏中的"保存"图标 ，该文件将继续保存在原路径下；执行"文件"—"另存为"命令，该文件可新建存储路径进行另外的保存。

3. 关闭文件

如果要关闭正在操作的文档，可执行"文件"—"关闭"命令，或者单击菜单栏右侧的"关闭"按钮 ✕，弹出"保存到更改……？"对话框，单击"是"按钮，修改后的文件会覆盖原文件并保存；单击"否"则不保存直接关闭文件。

4. 导入文件

执行"文件"—"导入"命令，或者按快捷键Ctrl+I，或者单击标准工具栏的"导入"按钮 🔗，弹出"导入"对话框：在对话框中选择要打开的文件类型和路径，点击"导入"按钮。对话框关闭后，在绘画区域适当位置单击鼠标左键完成导入。

5. 导出文件

执行"文件"—"导出"命令，或者按快捷键Ctrl+E，或者单击标准工具栏的"导出"按钮 🔗，弹出"导出"对话框：设置导出的路径及文件类型，点击"导出"按钮，在打开的相应对话框中设定相关参数，点击"确定"完成导出。

6. 页面设置

（1）属性设置。新建的文件，可通过新建文件时弹出的对话框（图1-2-2）进行相应属性设置，也可通过工具属性栏进行设置，如图1-2-6所示。

1）纸张类型/大小：单击该下拉按钮，可选择所需页面类型和大小；当选择"自定义"选项时，可在右侧的"纸张宽度和高度"中设定数值。

2）纸张纵向或横向可通过纵向 ▯ 或横向 ▭ 按钮进行控制。

3）绘图单位：下拉按钮中可选择绘图所需的计算单位。

（2）多页设置。使用页面控制栏，可用来在当前文件中添加、删除、移动和命名等多个页面操作，如图1-2-7所示。

添加页面 🔀：单击左侧或右侧的此按钮，将在当前页的前或后面添加新页面。

显示页面 ⏮、⏭：单击这两个按钮，页面将跳转到最前页或最后页。

向前 ◀ 或向后 ▶ 跳页：单击这两个按钮，页面将向前或向后跳转一页。

单页控制：单击相应页面按钮，如"页1"，将弹出页面控制菜单，如图1-2-8所示，可进行相关的单页命名、插页、删除页等设置。按住页面按钮直接拖动，则可调节页面与页面之间的顺序。

▲ 图1-2-6

▲ 图1-2-7

▶ 图1-2-8

第二章

成衣款式设计

成衣的款式、色彩、材质构成成衣设计的三要素。款式指每件成衣具体的样式或形状。设计师接受设计任务，在进行市场调研、提出设计概念、确定设计主题、规划设计产品明细之后，就要进入具体的款式开发阶段。款式设计可分为单品设计和系列设计。单件不配套的成衣，是成衣设计的最小构成单位，称为单品。如：裙、裤、衬衫、外套等，几乎所有的成衣系列产品都是由单品构成的。系列设计则提供了不同的款式以及搭配选择，以适应更多消费者的差异化需求。针对单品进行的设计则不必顾忌与其它服装的搭配关系，其自身设计完美即可。

▊ 第一节　款式设计原则

　　成衣款式设计遵循形式美的原则，如重复、节奏、渐变、对称、均衡、对比、调和等。在设计方法上，讲求整体和局部效果的完美，按照先整体后局部、先外后内的设计规律，可分为廓形设计和细节设计。

一、廓形设计

　　服装作为直观形象，首先呈现在人们视野中的是剪影般的轮廓特征，即廓形，在英文中称作"silhouette"，意指将轮廓内部涂成黑色的画像、影像等，在服装语言中，是表示服装整体形状特征的意思。廓形是服装的整体结构，是款式设计的基础，在廓形确定之后，内部的结构设计可以有很多种变化。不同的廓形代表不同的风格、情调。服装廓形分类方法以字母形分类法最为常见，常见的服装廓形大致可分为A型、H型、X型、T型、O型等，如图2-1-1所示。

X

T

O

二、细节设计

细节设计是款式设计的内在结构和零部件设计的局部形态。成衣的细节设计可以增加服装的机能性、美感，细节设计与服装的整体廓形风格有着密切的互补关系。时尚而实用的细节往往成为成衣销售成功与否的关键所在。

（一）结构线设计

服装的内结构线指衣片之间的分割线，这些分割线起着重要的塑型作用，应该既具有功能性，又具有装饰美感。如领线、肩线、胸线、腰线、臀线、袖型线、裤线等以及隐藏省量处理的各种形式的褶、裥等。

（二）装饰线设计

装饰线主要指由于审美视觉需要设计的分割线，主要起装饰美化作用。装饰线通过位置、形态、数量的改变丰富视觉效果，表现活泼、秀美、干练、粗犷等不同的风格特征。装饰线包括褶裥线、缝纫线、镶饰线等。

（三）零部件设计

在人的视觉感受中，零部件的细节设计通常也是设计表达的重要部分，在服装的关键部位——如领、袖、前胸、腰臀、后背、下摆等部位，聚集了口袋、扣、褶、图案、装饰物等局部造型的表现和丰富。因此，成衣设计除了要在廓形结构的变化所产生的新意之外，有关结构线设计、装饰线设计和零部件设计等细节的推敲也常常会带来新的感受，成为设计的点睛之笔。零部件设计包括口袋设计、领型设计、袖型设计、下摆设计、腰部设计等。

三、案例——口袋设计

口袋设计遵循功能性和装饰性相结合的原则，从造型上讲，其比例、大小、位置等至关重要，并且多以袋盖、袋身、纽扣、拉链等细节局部的变化加以丰富。因此设计和绘制口袋时，也应遵循先整体后局部，按照面、线、点的顺序，逐步细化丰富效果。

（一）图例（图2-1-2）

（二）新工具应用重点

（1）矩形工具（转换为曲线、轮廓线属性）。
（2）选取工具（群组、水平翻转、缩放）。
（3）形状工具（增加点、移动点）。
（4）椭圆形工具（正圆）。

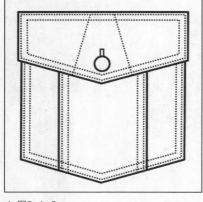

▲ 图2-1-2

（三）操作步骤

1. 袋身绘制

（1）新建页面后，点击工具栏中的"矩形工具"按钮 ▢ 绘制一个矩形，矩形大小根据在页面中规划的比例进行自我设定，如图2-1-3所示。

（2）按标准工具栏中的"贴齐"按钮勾选"贴齐辅助线"和"贴齐对象"两项，然后将鼠标分别放置在横向坐标尺和纵向坐标尺和原点处，向绘图区拉出新坐标线至矩形的相应位置点，如图2-1-4所示。

（3）点选"选择"工具 ▨，选中绘制的矩形框，按快捷键F12或点选工具栏中的"轮廓笔"工具，在对话框中设定矩形框的轮廓线宽度和线形，如图2-1-5所示。

（4）在矩形框内右击或按快捷键Ctrl+Q，将矩形框"转换为曲线"，如图2-1-6所示。

（5）在工具栏中点选"形状工具" ▨，在矩形框的底部中点双击或者右键单击，在跳出的对话框中点选增加节点，也可直接在工具属性栏中单击按钮 ▨。然后按住Shift键，同时选取矩形框底部两侧2个点，拖动鼠标向上至相应位置点，如图2-1-7所示。

（6）点选"选择"工具 ▨，选中矩形框，按Ctrl+C，Ctrl+V进行复制、粘贴；然后按住Shift键，将鼠标放置在矩形框选区4个端点的任意一个，即可缩放新的矩形框至相应位置点，如图2-1-8所示；放开鼠标后将新矩形轮廓线进行重新设置，如图2-1-9、图2-1-10所示。

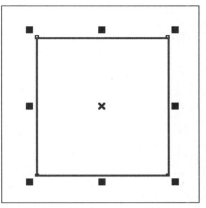

▲ 图2-1-3

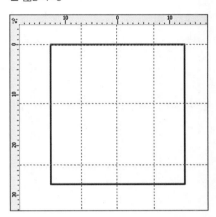

► 图2-1-4

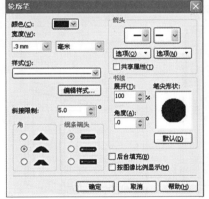

◄ 图2-1-5

► 图2-1-6

▲ 图2-1-7

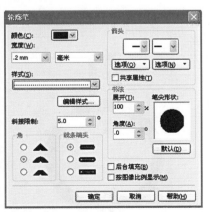

▲ 图2-1-8

▲ 图2-1-9

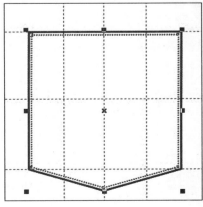

▲ 图2-1-10

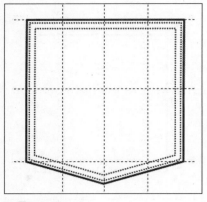

▲ 图2-1-11

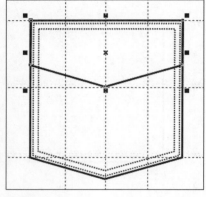

▲ 图2-1-12

（7）将虚线矩形框重新进行复制、粘贴、缩小，形成双缝线迹效果，如图2-1-11所示。

2. 袋盖绘制

（1）选中实线袋身矩形框进行复制、粘贴，点选"形状工具" ，然后按住Shift键同时选取新实线矩形框下面3个端点同时向上移动至合适位置，如图2-1-12所示，点击调色板中的白色进行填充形成袋盖效果。

（2）在袋盖两侧分别点选"形状工具" 选取两个端点，调整其宽度比袋身稍大（可添加新的坐标辅助线以使修改对称），如图2-1-13所示。

（3）选取袋盖进行复制、粘贴、变更轮廓线设置以及调节两端端点至合适位置，获得图2-1-14的效果。

3. 装饰分割线绘制

（1）点选工具栏手绘工具 第2项子工具"2点线" ，绘制袋身一侧的装饰分割线；然后换取"选择"工具 ，同时选取3根线段，在工具属性栏中选择群组 ；群组后复制、粘贴，并水平翻转 ，移动至袋身另一侧相应位置，如图2-1-15所示。

（2）相同方法绘制袋盖上的装饰线迹，如图2-1-16所示。

4. 纽扣绘制

（1）点选工具栏中"椭圆形工具" ，按住Ctrl键拖动鼠标绘制一个正圆，设定正圆轮廓线宽度为0.3mm，并在正圆上方绘制一个小矩形，设定轮廓线宽度为0.2mm，同时选取两个图形进行群组，如图2-1-17所示。

（2）移动图形至袋盖相应位置，如图2-1-2所示，完成口袋最终效果。

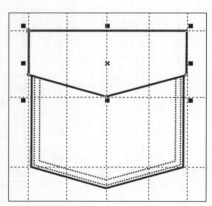

▲ 图2-1-13
▼ 图2-1-16

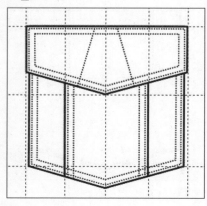

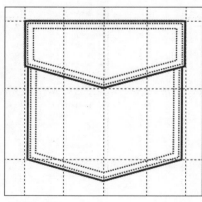

▲ 图2-1-14
▼ 图2-1-17

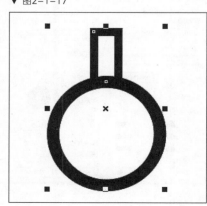

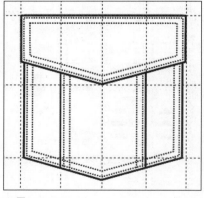

▲ 图2-1-15
▼ 图2-1-2

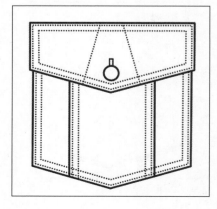

（四）口袋应用图例（图2-1-18）

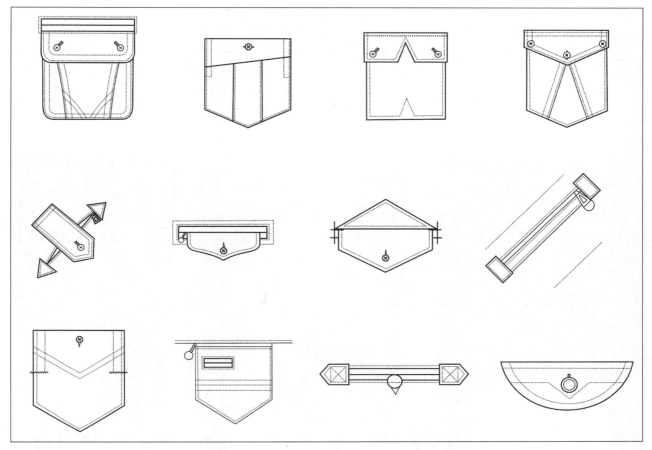

▲ 图2-1-18

四、习题

在口袋外形基本不变的基础上，添加不同的设计细节，将产生丰富的设计效果。尝试运用所学工具进行口袋设计变化练习10~12款。

提示：绘制矩形后将矩形工具属性栏中的"圆角半径"（图2-1-19）解锁后，即可输入数值将矩形框的4个直角任意变化为圆角。

▲ 图2-1-19

▎第二节 裙装设计

一、裙装设计分类

裙装是重要的服装品类，多为女性穿着，但也有独特的苏格兰打褶短裙等男性用裙装。从结构上看，裙装不影响髋关节、膝关节的运动，因此结构相对简单。

从廓形上看，可分为筒裙、大小斜裙（A型裙、喇叭裙等）、圆台裙、郁金香裙、育克裙、鱼尾裙等；从长短上看，可分为长裙、短裙、超短裙、中长裙等；从季节上看，可分为春夏裙、秋冬裙。

　　裙装的结构一般由裙腰、裙身构成，根据裙腰的位置又可分为低胯裙、中腰裙、高腰裙、连衣裙等（由于连衣裙涉及胸腰臀关系的处理，因此连衣裙的内容放在第四节上装类设计中学习）；而根据裙身结构的变化，则可分为褶裙、育克裙、不对称裙等。裙装的设计也往往围绕裙腰、裙身和裙摆来进行，褶裥、省道、拉链及装饰图案、装饰材料的运用等设计元素的运用是最为常见的，如图2-2-1所示。

▲ 图2-2-1

▲ 图2-2-2

二、裙装设计案例——A型裙

（一）图例（图2-2-2）

　　这款A型裙具有军旅风格，箱式口袋和拉链是重点装饰要素，同时也具备实用功能。裙身的处理相对简单，因此重点在于拉链和口袋的绘制上。

（二）新工具应用重点

（1）调和工具（步长设置）。
（2）图层顺序调整。
（3）刻刀工具。
（4）选取工具（旋转、解组、拆分、移除前面对象）。
（5）手绘工具（钢笔）。
（6）排列（拆分调和"群组"）。

（三）操作步骤

1. 裙基本型绘制

（1）用"矩形工具"分别绘制裙身和裙腰，设定轮廓线宽度和线形；重新设置坐标和原点，运用快捷键"Ctrl+Q"将裙身矩形和裙腰矩形分别"转换为曲线"，如图2-2-3所示。

（2）裙身绘制。用"形状工具"拖动裙身矩形底端两个端点至新的宽度坐标点；分别选取侧面两条线段后右击"到曲线"或点击工具属性栏中的"到曲线"按钮 ，将线段调整出臀围的弧度曲线。

（3）裙腰绘制。用"形状工具"，分别选取上下两条线段后右击"到曲线"或点击工具属性栏中的"到曲线"按钮 ，将线段调整出腰围的弧度曲线；点击调色板中的白色进行填充（如果裙腰在下一层图层，则显示出未调整的裙身腰线直线，这时需要用"选取工具"选中裙腰，按快捷键Shift+PgUp或右击，在跳出的对话框中点"顺序"—"图层前面"即可），如图2-2-4，图2-2-5所示。

（4）点选工具栏手绘工具 第2项子工具"2点线" ，在裙身右侧绘制直线，调整线段宽度，如图2-2-5所示。

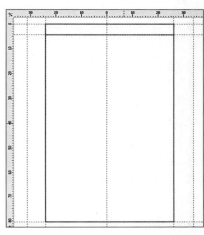

▲ 图2-2-3

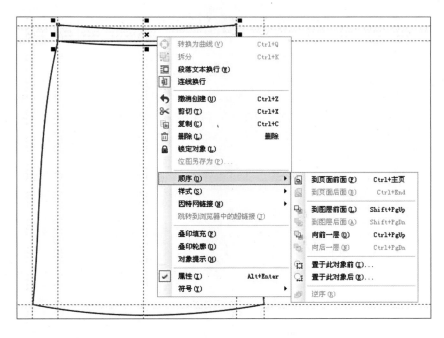

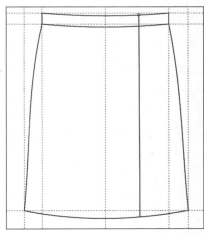

◀ 图2-2-4
▲ 图2-2-5

2. 拉链绘制

（1）点选工具栏手绘工具 第5项子工具"钢笔"工具 ，绘制一条折线并复制，如图2-2-6所示；点选调和工具 ，将鼠标从一个折线图形引向另一个折线图形，并在工具属性栏中填入相应步长值，按Enter键确认；点击菜单栏"排列"——"拆分调和群组"，如图2-2-7所示。

（2）选取"矩形工具"在拉链外围、底部和顶部绘制不同大小的矩形框，填充为白色，分别调整图层顺序，然后群组，完成拉链绘制，如图2-2-8、图2-2-9所示。

（3）将拉链移至裙身合适位置，如图2-2-11所示。

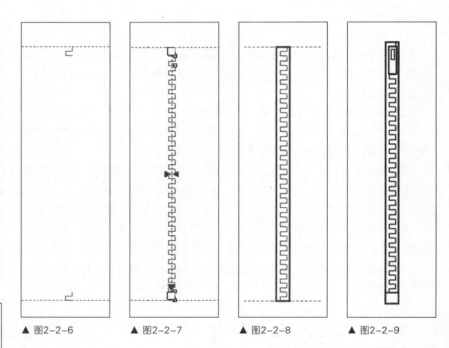

▲ 图2-2-6　　　▲ 图2-2-7　　　▲ 图2-2-8　　　▲ 图2-2-9

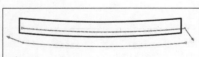

▲ 图2-2-10

3. 缝纫装饰线迹绘制

（1）裙腰缝纫线绘制。将裙腰复制、粘贴，变更轮廓线宽度和虚线；选取形状工具，分别在对角线的两个端点处右击，在跳出的对话框中选取"拆分"或在工具属性栏中点选"拆分"按钮 ；抓取两条直线段端点进行"删除"，如图2-2-10所示。

（2）点选工具栏"选取工具"，按工具属性栏中"拆分"按钮 或按快捷键"Ctrl +K"，两条剩余曲线被拆分为可单独移动的图形，分别将它们移动到裙腰的上部和下部适当位置，如图2-2-11所示。

注意：裙腰缝纫线也可直接用"2点线"工具绘制后变为曲线进行完成；虽然比第一种方法简单得多，但在将来绘制更为复杂的曲线缝纫线迹时，为了最大限度地保持与服装分割结构线（即实线）的一致性，还是使用第一种方法更为工整、漂亮。

4. 装饰搭袢绘制

（1）在臀围上部合适位置标一条横向坐标辅助线。绘制一个矩形框，并转换为曲线，用"形状工具"调出上、下弧线，如图2-2-12所示。

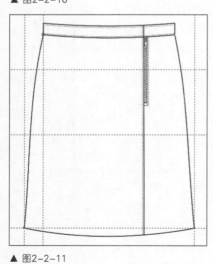

▲ 图2-2-11

▲ 图2-2-12

（2）在工具栏中点选"刻刀工具" ，将绘制好的装饰搭袢在适当位置裁割成三部分，选中中间部分"删除"，如图2-2-13所示。

（3）绘制几个小矩形框和正圆，调整位置大小并群组，作为搭袢装饰，复制、粘贴后分别放在合适位置，如图2-2-14所示。

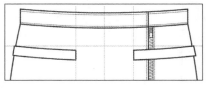

▲ 图2-2-13

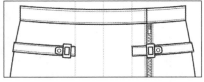

▲ 图2-2-14

5. 口袋绘制

（1）在裙身左侧合适位置绘制矩形框，转换为曲线后调整端点位置，并绘制缝纫线迹和兜侧效果，如图2-2-15所示。注意：兜侧用"2点线"工具绘制闭合的三角图形，填充为白色并在底部中央增加节点调整成图2-2-15状态。

（2）复制一条拉链；在选取工具状态下旋转为横向，放置在口袋的适当位置，解组后将拉链头旋转调整为竖向，再次群组拉链，如图2-2-16所示。

将口袋外部的拉链部分用"钢笔"工具绘制图形圈住，如图2-2-17所示。然后同时选取拉链和该图形，点击工具属性栏中的"移除前面对象"（即移除后面对象中的前面对象，因为拉链在该图形的后面）按钮 ，将露在口袋外部的拉链删除掉，如图2-2-18所示。在口袋上端绘制正圆作为装饰扣，调整轮廓线宽度，完成左侧口袋，并群组，如图2-2-19所示。

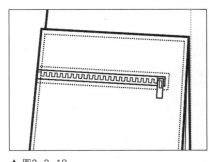

▲ 图2-2-18

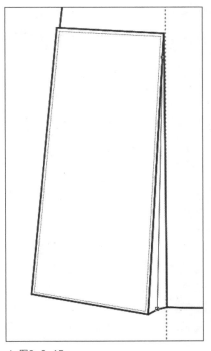

▲ 图2-2-15

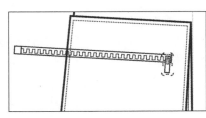

▲ 图2-2-16

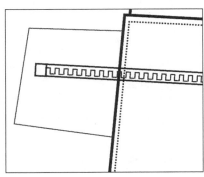

▲ 图2-2-17

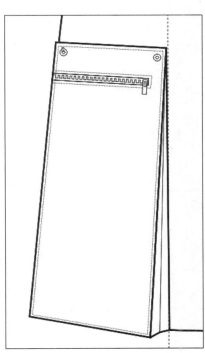

▲ 图2-2-19

6. 完成

将左侧口袋复制、粘贴，水平翻转后移至裙身右侧相应位置，将口袋整体适当缩短；并将露在裙身外部的口袋部分删除掉，方法同右侧口袋中拉链的删除方法，如图2-2-20所示；解组后适当调整口袋低端节点，使其略露出裙身，如图2-2-21所示。

A型裙完成，效果如图2-2-2所示。

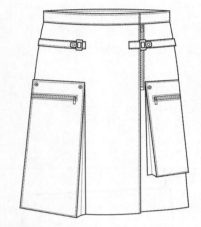

▲ 图2-2-2

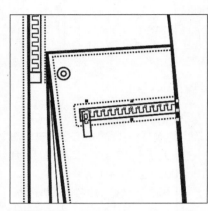

▲ 图2-2-20

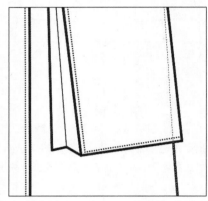

▲ 图2-2-21

三、裙装设计案例——O型裙

（一）图例（图2-2-22）

O型裙给人的感觉是圆润柔美，也是近年来较为流行的裙型。此款O型裙装饰以花边大口袋，更加夸大了臀部的O型效果，褶裥代替省道，是重要的结构设计元素。

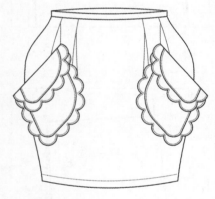

▲ 图2-2-22

（二）新工具应用重点

（1）调和工具（新路径）。
（2）形状工具（增加节点、移动节点、删除节点、调节弧度等）。
（3）选取工具（创建边框边界）。

（三）操作步骤

1. 裙型绘制

（1）绘制裙身矩形框，"转换为曲线"后调整出宽松的O型外轮廓弧度；绘制裙腰矩形框，"转换为曲线"后调节出腰身弧度，如图2-2-23、图2-2-24所示。

（2）选取"2点线"工具直线绘制一侧的省道，改用"形状工具"将直线转换成曲线，调解曲线弧度，群组后复制、粘贴至裙身另一侧，对称放置，如图2-2-25所示。

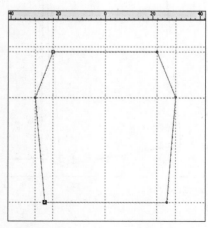

▲ 图2-2-23

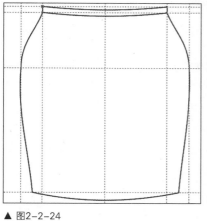

▲ 图2-2-24

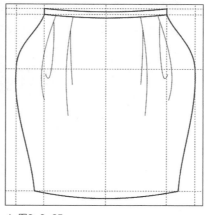

▲ 图2-2-25

2. 口袋绘制

（1）绘制一个矩形框，将工具属性栏中的"圆角半径"解锁后，在下面两个角输入数值50.0mm和80.0mm，按回车，如图2-2-26、图2-2-27所示；在选取工具状态下，旋转调解圆角矩形框至图2-2-28、图2-2-29的状态，再复制、粘贴一个调整好的圆角矩形框备用。

（2）选取"椭圆形工具"，按住Shift键画一个小正圆，填充为白色，复制、粘贴一个，在两个正圆之间使用"调和工具"，适当调解步长值，如图2-2-30所示。

（3）点击工具属性栏中的"路径属性"按钮 ，选择"新路径"，将鼠标放到圆角矩形框上，正圆围绕矩形框路径进行调和，如图2-2-31所示。

（4）在"选取工具"状态下，单击第一个正圆和最后一个正圆，将它们拉到矩形框合适位置，如图2-2-32所示。

▲ 图2-2-26

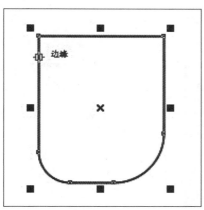

▲ 图2-2-27

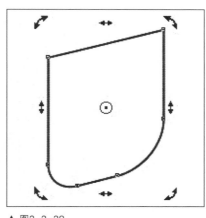

▲ 图2-2-28

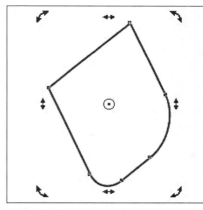

▲ 图2-2-29

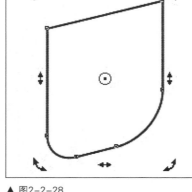

▲ 图2-2-30

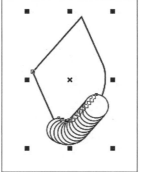

▲ 图2-2-31

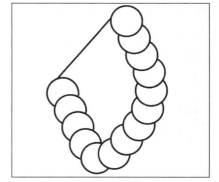

▲ 图2-2-32

（5）将备用的矩形框放在图形上面，全部选中后，点击工具属性栏中的"创建边框边界"按钮 ，取消选择后移动得到图形的外轮廓合并图形，如图2-2-33所示。

（6）将新图形复制、粘贴、缩小，调整轮廓线宽度为0.2mm和虚线；将圆角矩形框覆盖在图形上，同样调整出虚线缝纫线迹，如图2-2-34所示。

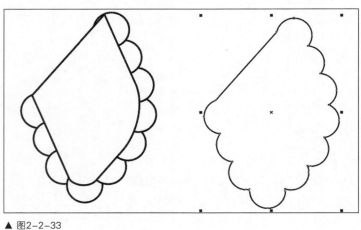

▲ 图2-2-33

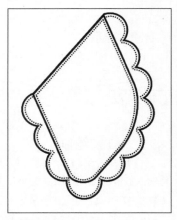

▲ 图2-2-34

（7）群组这两个图形作为袋身，复制、粘贴至图形上方作为袋盖，多余部分用新绘制的四边形框选，同时选取袋盖和新四边形，如图2-2-35所示。

（8）点击工具属性栏中的"移除前面对象"按钮 ，删除多余袋盖，删除新四边形，群组袋盖和袋身，如图2-2-36所示。

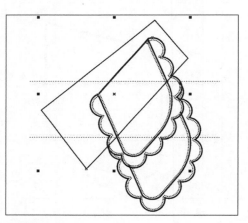

▲ 图2-2-35

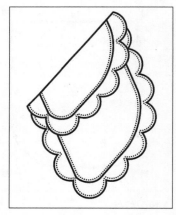

▲ 图2-2-36

3. 完成

将口袋移至裙身适当位置，复制、粘贴、水平翻转，呈对称状态，完成O型裙整体绘制，效果如图2-2-22所示。

◀ 图2-2-22

四、裙装应用图例（图2-2-37）

▲ 图2-2-37

五、习题

模拟绘制裙装应用图例中的裙装款式，并在此基础上变化设计新款。

▌第三节　裤装设计

一、裤装设计分类

　　裤装在一年四季中的应用相当广泛。裤装原来仅为男性穿着，19世纪中叶，女式灯笼裤首次作为女装出现，20世纪以后，女装以运动裤装为中心发展，而第二次世界大战使裤装的功能性得到充分发挥，战后逐步成为女性便装。直至1968年以后，裤装在女装中广泛普及，开始用于正装。因此，裤装的发展历史在某种意义上象征女性地位的提高和男女平等的思想。

　　裤装从长度上分，可分为短裤、长裤以及如七分裤、九分裤等细分类型裤；按照廓形分类，可分为直筒裤、锥形裤、大小喇叭裤、裙型裤、低裆裤等；按照穿着场合分，可分为正装裤和休闲裤、运动裤、家居裤等；按照腰线分，则可分为高腰裤、中腰裤和低腰裤、连衣裤等。

　　由于髋关节是运动范围仅次于肩关节的部位，所以裤装的设计必须满足髋关节的运动需要，而女性裤装尤其需要体现女性特有的身体曲线——臀部曲线美，并使腿部显得修长。因此裤装款式设计主要围绕裤腰、裤身的变化来进行，廓形结构线变化主要围绕腰臀差、门襟以及侧缝、裤口和膝盖的比例位置关系来进行纵向或横向分割，口袋、拉链、装饰扣、带是最常用的细节装饰元素。裤装的设计主要遵循简洁、流畅的设计原则，突出其便于行走、活动的功能性特征，如图2-3-1所示。

▲ 图2-3-1

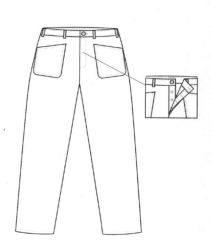

二、裤装设计案例——工装休闲裤

（一）图例（图2-3-2）

此款工装休闲裤的特点是宽松适度，并且详细交代了门襟设计细节。在设计款式图中，对特殊的服装细节的说明是必要的，将细节放大更便于精确细致地表达设计效果。

（二）新工具应用重点

效果（图框精确裁剪——编辑内容）。

▲ 图2-3-2

（三）操作步骤

1. 裤装基本型绘制

绘制裤腰、裤身的两个矩形框，添加坐标辅助线；矩形框"转化为曲线"后，用"形状工具"调节外轮廓线弧度以及在裤身矩形框底端增加节点并移动节点形成裤腿效果，如图2-3-3所示。

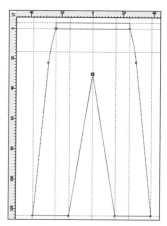

▶ 图2-3-3

2. 绘制门襟效果

"2点线"工具绘制前中线和门襟线以及裤腰缝纫线迹，如图2-3-4所示。

3. 裤鼻绘制

绘制小矩形框作为裤鼻，如图2-3-5所示。

4. 口袋绘制

（1）在裤身一侧绘制一个矩形框，在工具属性栏中打开"圆角半径"锁，在下端两角内输入数值30，按回车，如图2-3-5所示。

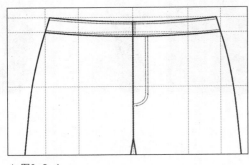

▲ 图2-3-4 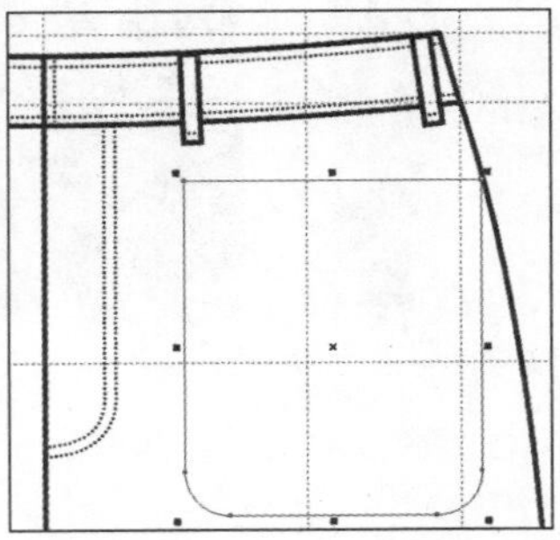　　　　　　　　　　　　　　　　　▲ 图2-3-5

（2）将矩形框"转换为曲线"，用"形状工具"调节矩形框上端节点，并在"选取工具"状态下旋转该矩形成图2-3-6的状态。

（3）调整轮廓线宽度为0.3mm后，复制、粘贴、缩小，设定轮廓线宽度为0.2mm、虚线作为缝纫线迹；再次复制、粘贴、缩小第一条缝纫线迹作为第二条缝纫线迹，调整至适当位置；同时选中口袋实线、两条虚线缝纫线迹进行"群组"，复制、粘贴，移至裤侧另一端形成对称效果，如图2-3-6所示。

5. 纽扣绘制

（1）选取"椭圆形工具"，按住Shift键反复绘制几个正圆，调节不同的轮廓线宽度，"群组"形成纽扣效果，如图2-3-7所示。

（2）用矩形框工具画一个扣眼，与纽扣"群组"，放置到裤腰合适位置，如图2-3-8所示。

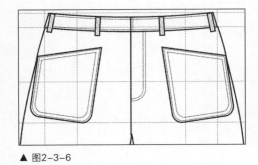

▲ 图2-3-6

▲ 图2-3-7

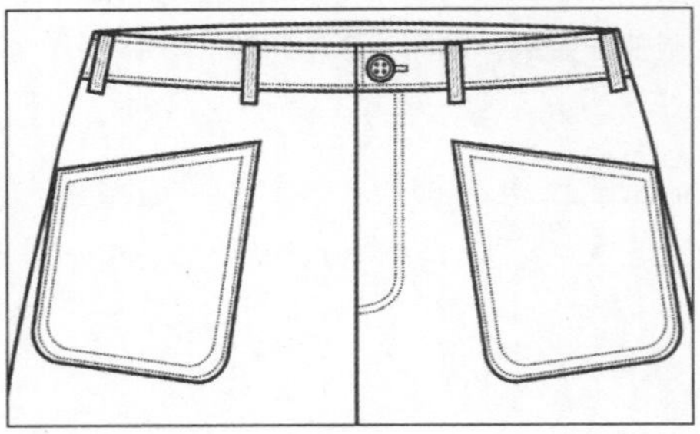

▲ 图2-3-8

6. 完成裤装整体绘制

添加裤脚缝纫线，调节整个裤型细节，"群组"所有图形，完成裤装整体绘制，如图2-3-9所示。

7. 绘制门襟细节图

（1）复制一个裤装图形，"解组"，在裤子旁边画一个矩形框，大小适合门襟细节表现，如图2-3-10所示。

（2）用"选取工具"全部选择（框选）裤子图形，点击菜单栏中"效果"—"图框精确裁剪"—"放置容器中"，将鼠标黑箭头指向新画的矩形框。

（3）在矩形框中右击鼠标，在跳出的对话框中选择"编辑内容"，如图2-3-11所示。

（4）将裤子图形移动放置在新矩形框的合适位置点，如图2-3-12所示；修改编辑在矩形框内的门襟细节，完毕后再次右击鼠标，在跳出的对话框中选择"结束编辑"，得到效果如图2-3-13所示。

8. 完成

将编辑好的裤装图形和门襟细节图形放置在一起，完成整个效果，如图2-3-2所示。

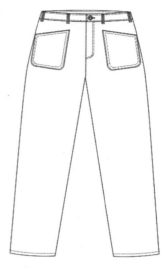

▲ 图2-3-9

▲ 图2-3-11

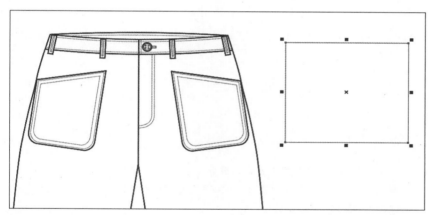

▲ 图2-3-10

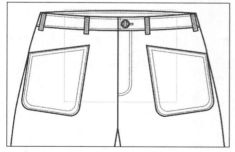

▲ 图2-3-12

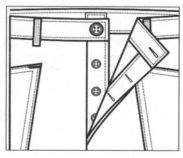

▲ 图2-3-13

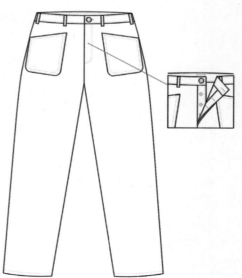

► 图2-3-2

三、裤装设计案例——低胯七分裤

（一）图例（图2-3-14）

低胯裤装的表现重点在于裤腰到裆位的比例关系，臀部的宽窄也有极其重要的辅助作用。由于低胯，门襟也显得相对短，裤腰前面和后面弧线形成落差较大的差量，这些都是低胯裤装的特点。裤长的表现主要靠与臀宽的对比关系来确立。

▲ 图2-3-14

（二）操作步骤

（1）绘制两个矩形框作为裤腰和裤身，添加坐标辅助线；"转化为曲线"后用"形状工具"调整出外轮廓弧度；在裤身矩形框中对称增加节点，调节出裆部和裤腿效果，如图2-3-15所示。

（2）在一侧裤腿中用"2点线"工具画直线作为裤分割线，用"形状工具"调整出分割线弧度，调节完毕"群组"，复制粘贴至另一侧，如图2-3-16所示。

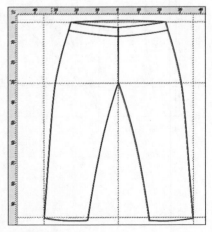

▲ 图2-3-15

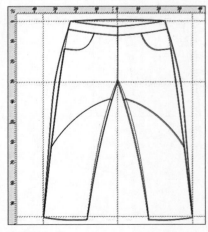

▲ 图2-3-16

（3）复制、粘贴各分割线和裤腰线，画出双缝纫线迹效果，添加裤鼻和纽扣以及门襟缝纫效果，如图2-3-17、图2-3-18所示。注意，门襟底部的来去缝可用"两点线"工具画一条横直线，然后选取"形状工具"第三项"粗糙笔刷"工具 🖌，使其出现不规则折现效果，调节轮廓线宽度形成来去缝效果。

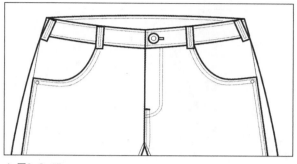

▲ 图2-3-17

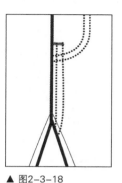

▲ 图2-3-18

（4）小口袋绘制。

1）将口袋位置的分割线复制一个，并使之成为封闭图形；画一个矩形框，并画出缝纫线迹，"群组"后作为小口袋，放置在分割线的合适部位，如图2-3-19所示。

2）Shift+PgDn将分割线封闭图形放置在图层上部，同时选取两个图形，点击"选取"工具属性栏中的"移除前面对象" 🖿，将小口袋裁切多余部分，如图2-3-20所示。

3）删除分割线封闭图形，将小口袋移至裤兜位置，如图2-3-21所示。

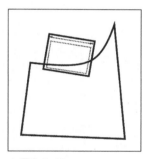

▲ 图2-3-19

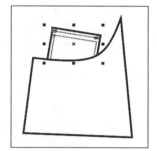

▲ 图2-3-20

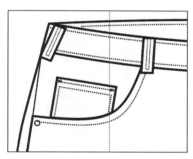

▲ 图2-3-21

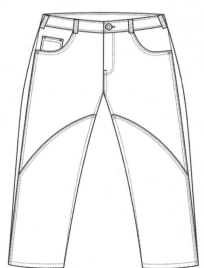

◀图2-3-22

（5）裤正面效果完成，如图2-3-22所示。

（6）裤背面效果绘制。

1）复制、粘贴一个作为裤背面的基础图形，删除掉前面的装饰分割线后，将后腰线弧度提高，并画好后兜，效果如图2-3-23所示。

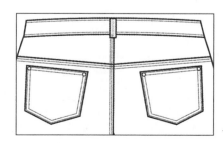

◀图2-3-23

2）画出裤背面裤身分割线和裤脚缝纫线，完成裤背面效果，如图2-3-24所示。

四、裤装应用图例（图2-3-25）

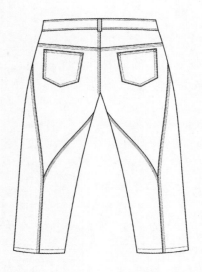

▲ 图2-3-24
► 图2-3-25

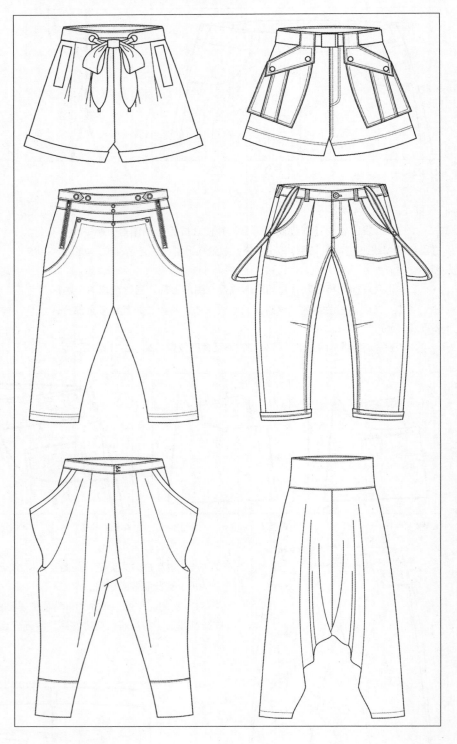

五、习题

模拟绘制裤装应用图例中的裤装款式，并在此基础上变化设计新款。

▌第四节 上装类设计

一、上装类设计分类

在这里，上装类是相对于裙、裤等下装而言的腰部以上服装的统称，其款式变化往往涉及胸、腰、臀差量的不同比例关系，因而在设计表现上显得复杂多变。如男女西装（正装、便西装）、大衣、外套、夹克、披风、衬衫、毛衣等，用CorelDraw软件绘制时需要格外注意领、肩以及胸、腰、臀差量的比例结构关系处理。

从结构上分，这些服装种类可分为套头式和开关式；从放松量上讲可分为合体式和宽松式。

二、案例——工作服设计

（一）图例（图2-4-1）

这是一款户外工作服，衣身采用宽松设计、插肩袖结构，便于肢体的运动操作；体现功能设计的宽大口袋较多，细节新颖，同时服装的结构分割线均有三条装饰缝纫线，显得结实耐用，重点体现了结构设计的美感。

（二）操作步骤

1. 绘制衣身

（1）选取"矩形框工具"画3个矩形框，并旋转调整好对称位置，添加坐标

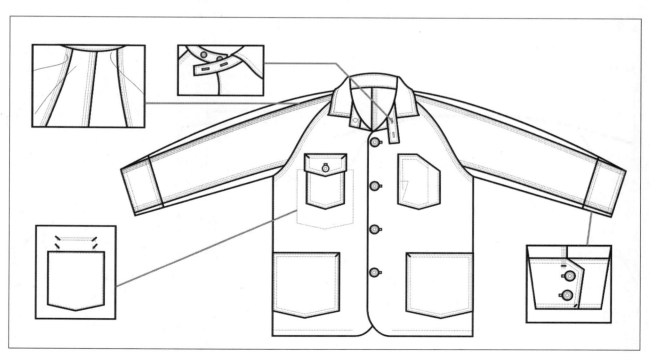

▲ 图2-4-1

辅助线和原点，如图2-4-2所示。

（2）调整作为衣身的矩形框，使之成为插肩袖的外形结构，如图2-4-3所示。

（3）在衣身矩形框的上端调节出肩斜角度，如图2-4-4所示。

（4）在肩斜基础上增加一个新的矩形框，作为后领部分，如图2-4-5所示；在衣身矩形框一侧用"钢笔"工具画前领基本形，如图2-4-6所示。

（5）调整领翻折线弧度，并用"刻刀工具"分割领形成为领面和领座，调整出所需领型，分别填充为白色，如图2-4-7所示；"群组"领面和领座，拷贝、粘贴、水平翻转至衣身另一侧对称位置；将衣身矩形框和两个袖形矩形框在"选取"状态下点击工具属性栏中的"合并"按钮 ，使之成为整体；点选"形状工具"调节肩线外轮廓弧度；点选"2点线"工具绘制插肩袖与衣身的分割线和前中线，点选"形状工具"调节袖线弧度，完成工作服大形绘制，如图2-4-8所示。

2．领部绘制

点选"刻刀工具"将一侧的领座部分进行分割，并将领面和领座各部分分别复制、粘贴、缩小、变更轮廓线为宽度0.2mm、虚线状态，然后使用"形状工具"在准备抛弃的线段处点击节点进行"拆分" ，点选不要的节点一一删除即可；领型另一侧的领座搭门则点选"形状工具"，按住Shift键同时拖动底部两个节点至所需长度即可，如图2-4-9所示。

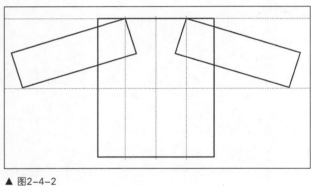

▲ 图2-4-2

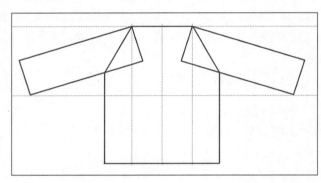

▲ 图2-4-3

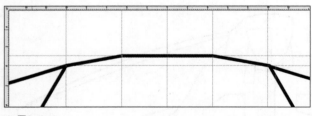

▲ 图2-4-4

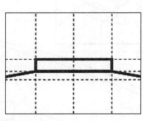

▲ 图2-4-5

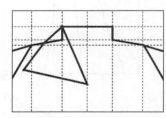

▲ 图2-4-6

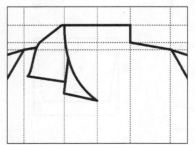

▲ 图2-4-7

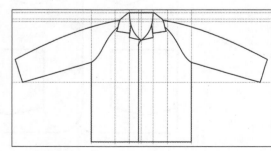

▲ 图2-4-8

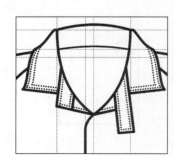

▲ 图2-4-9

3. 前中衣角绘制

在前中底端，用"形状工具"在衣身矩形框中心底点和两侧对称各增加一个节点，点选中心点上移，并相应缩短前中线长度；点选"形状工具"调节出衣身下摆的圆角效果，如图2-4-10所示。

4. 袖部绘制

点选"刻刀工具"分别将两侧的袖口位置进行分割形成袖克夫效果；使用"2点线"、"形状工具"绘制、调整袖结构线及各部位缝纫线迹，如图2-4-11所示。

5. 口袋绘制

（1）使用"矩形框工具"绘制第一个口袋的袋身的外轮廓线和缝纫线迹，注意将矩形框"转化为曲线"调节袋底形状；复制袋身，缩放调整后作为袋盖，用小实线作为来去缝线迹画在袋盖上端两侧，如图2-4-12所示。

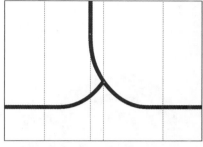

▲ 图2-4-10

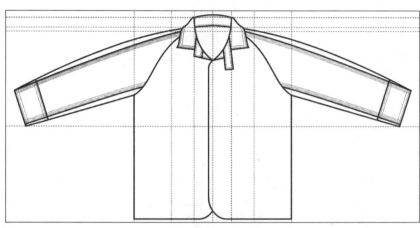

▲ 图2-4-11

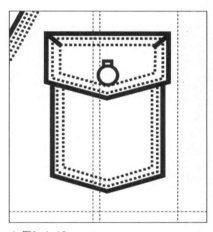

▲ 图2-4-12

（2）将第一个口袋的袋身矩形复制一个作为第二个口袋的基本型，适当调整宽度，并用"钢笔"工具画缝纫线迹，如图2-4-13所示。

（3）使用"矩形框工具"同样办法绘制第三个口袋，并复制、粘贴在第四个口袋的对称位置，如图2-4-14所示。

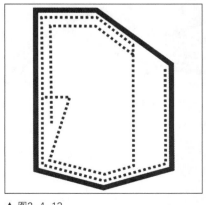

▲ 图2-4-13

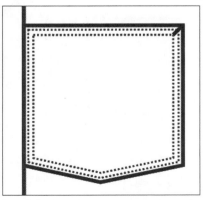

▲ 图2-4-14

6. 纽扣和扣眼的绘制

将口袋放置在衣身的合适位置，用"椭圆形工具"和"矩形框工具"分别绘制纽扣和扣眼，如图2-4-15所示。注意：纽扣绘制时，可在第一个扣位和最后一个扣位分别放置一个纽扣，然后使用"调和工具"，设置步长为2，即可达到图2-4-16的效果。

▲ 图2-4-15

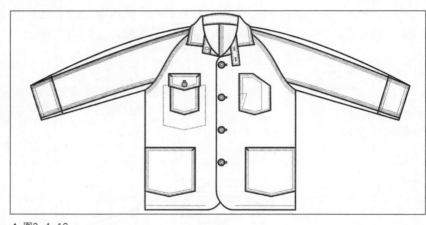

▲ 图2-4-16

7. 细节绘制

首先绘制矩形框，然后在里面逐项绘制细节效果，注意结构明确，细节交代清楚，比例关系须与整体图保持一致，如图2-4-17～图2-4-20所示。

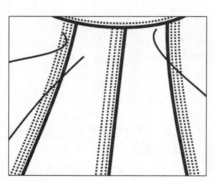

▲ 图2-4-17

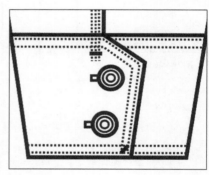

▲ 图2-4-18

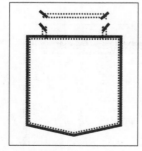

▲ 图2-4-19

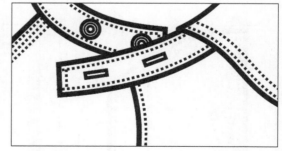

▲ 图2-4-20

8. 完成

最后将细节图与整体图配合在一个画面中，完成最终效果，如图2-4-1所示。

三、案例——衬衫设计

（一）图例（图2-4-21）

图2-4-21中为近几年较为流行的宽松式女衬衫，两个巨大的装饰口袋设计是该款式的重点。在设计和绘制宽松款式时，注意人体结构点的把握，如领口、肩点以及肘位的位置，这些结构的存在很好地体现了相对宽大的衣身和袖型，能够衬托出衣身和袖身的长度。

（二）操作步骤

1. 衣身绘制

（1）绘制一个矩形框，"转化为曲线"后调节出领宽、肩线和下摆宽度，如图2-4-22所示。

（2）绘制一个小矩形框作为领型基本型，如图2-4-23所示；将衣身图形和领型图形全部选中，点击工具属性栏中的"合并"按钮；用"2点线"绘图工具绘制直前领和前中直线，调整成为弧线；调节肩线弧度、下摆弧度，如图2-4-24所示。

（3）用"2点线"工具在身侧绘制袖形框，注意该图形一定要是封闭图形；复制、粘贴成对称分布在衣身两侧，如图2-4-25所示；同时选中袖形图形和衣身图形，点击工具属性栏中的"合并"按钮，如图2-4-26所示。

▲ 图2-4-21

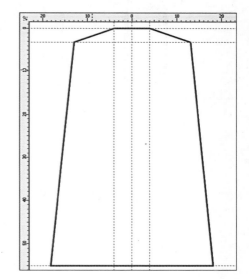

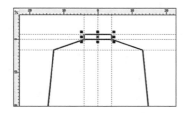

▶ 图2-4-22
◀ 图2-4-23

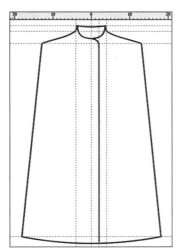

▲ 图2-4-24

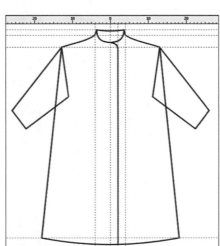

▲ 图2-4-25

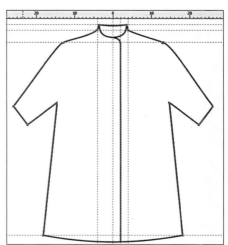

▲ 图2-4-26

2. 领型绘制

如图2-4-27所示，绘制立领图形细节，添加缝纫线迹。

3. 袖克夫绘制

如图2-4-28所示，绘制矩形框后，"转换为曲线"，调节各点成为袖克夫状态，添加缝纫线迹。

4. 衣身细节绘制

（1）用"2点线"工具绘制公主线，并使用"形状工具"调节出弧度；绘制下摆和前中缝纫线迹，如图2-4-29所示。

（2）绘制口袋和碎褶，如图2-4-30所示。

（3）绘制纽扣，在第一个扣位和最后一个扣位分别放置一个纽扣，然后使用"调和工具"，设置相应步长，完成整个绘图，如图2-4-21所示。

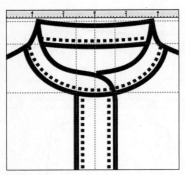
▲ 图2-4-27

▲ 图2-4-28

▲ 图2-4-29

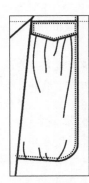
▲ 图2-4-30

▶ 图2-4-21

四、案例——连衣裙设计

（一）图例（图2-4-31）

图2-4-31中是一款针织类高腰吊带连衣裙，服装整体显得修长，褶裥柔软。设计和绘制长款连衣裙时，要注意胸、腰、臀比例位置的表现，才能体现出款式的相对特点。

（二）操作步骤

1. 裙身绘制

画一个狭长的矩形框，"转换为曲线"后用形状工具调节各点成为裙基本形态，同时添加坐标辅助线和新原点，如图2-4-32所示。

2. 连衣裙上半部绘制

（1）在腰线处用"刻刀工具"将基本裙形切割开，在上半部用"刻刀工具"斜向切割，如图2-4-33所示；将右侧分割形删除，如图2-4-34所示；调好左侧图形线条后复制、粘贴、水平翻转、移动至右侧，如图2-4-35所示。

（2）吊带绘制。将右侧吊带基本形删除；在左侧吊带基本矩形用"刻刀工具"纵向对分，"转换为曲线"后调节成为两条细带曲线，"群组"并复制、粘贴到右侧，如图2-4-36所示。

（3）背部绘制。用"两点线"工具绘制一个直线图形，如图2-4-37所示；用"形状工具"调整出弧线，使用快捷键Shift+PgDn，将该图形调整到裙身图层后面，如图2-4-38所示。

3. 裙摆绘制

（1）添加裙摆分割线的坐标辅助线，然后用"刻刀工具"依次分割，并调节每一层裙片的下摆弧度，注意填充为白色后，依次调整裙片的图层层次，如图

▲ 图2-4-31

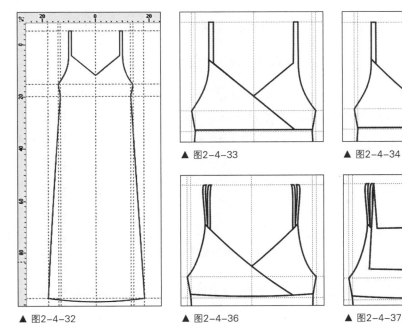

▲ 图2-4-32

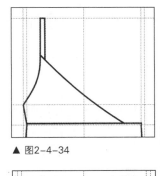

▲ 图2-4-33　　　▲ 图2-4-34　　　▲ 图2-4-35

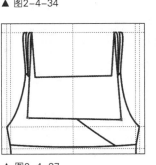

▲ 图2-4-36　　　▲ 图2-4-37　　　▲ 图2-4-38

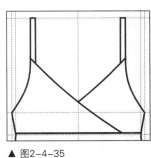

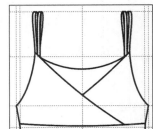

2-4-39所示。注意：用"刻刀工具"分割裙片便于将来为裙片填色，但若不打算设色，也可直接用"2点线"工具绘制线条。

（2）为每一层裙片添加碎褶，仍然使用"2点线"工具和"形状工具"绘制线条，也可尝试使用"手绘工具"中的最后一项"3点曲线工具"，如图2-4-40所示。

（3）将每一层的裙片底摆调节为不规则的弧线效果，通过"形状工具"调节各点，如图2-4-41所示。

（4）为裙摆和腰节部位添加缝纫线迹，方法使用将每层裙片图形复制、粘贴、变换轮廓线宽度和线型，然后"拆分"节点，"删除"不要的线条即可。完成整个连衣裙绘制，效果如图2-4-31所示。

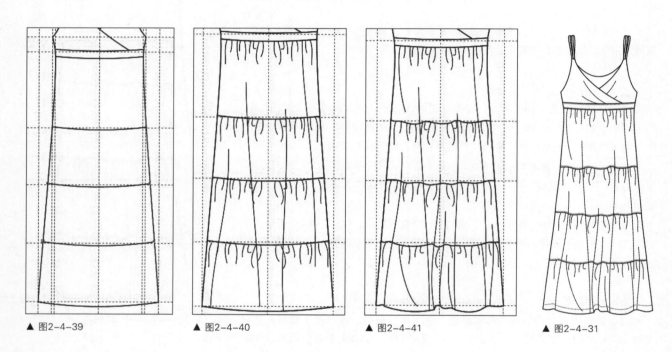

▲ 图2-4-39　　　　▲ 图2-4-40　　　　▲ 图2-4-41　　　　▲ 图2-4-31

五、案例——女西装设计

（一）图例（图2-4-42）

图2-4-42是一款枪驳头6开身合体型女西装，变化插肩袖。合体型女西装的设计和绘制都需要合理处理胸腰臀的线条感，应流畅、准确、对称，同时体现时尚。绘画顺序仍然遵循先整体、后局部的原则——先绘制外轮廓基本型，再添加造型细节，如领、省、内结构线、扣等。

（二）操作步骤

1. 绘制衣身

（1）绘制两个矩形框作为衣身和领基本形，如图2-4-43所示；"合并"两个图形。

（2）用"形状工具"调节节点形成衣身对称曲线，如图2-4-44所示。

▲ 图2-4-42

2. 绘制领部

（1）选取"钢笔"工具直线在衣身一侧画领面基本型，填充为白色，用"形状工具"调节节点形成弧线效果，如图2-4-45所示。

（2）选取"刻刀工具"将领面基本型分割成为枪驳领外形，用"形状工具"调节弧线效果，如图2-4-46所示。

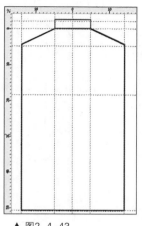

▲ 图2-4-43

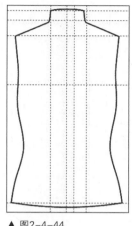

▲ 图2-4-44

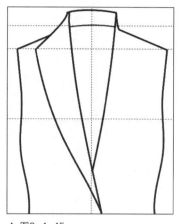

▲ 图2-4-45

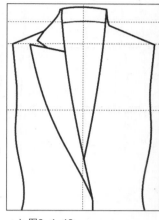

▲ 图2-4-46

（3）将底领部分的轮廓线选为"无轮廓线"，复制、粘贴一个，位置不动将轮廓线改为0.3mm，黑实线，不填充；选用"形状工具"将与后领部分的节点"拆分"，并将轮廓线弧度调节成图2-4-47的状态。

（4）将枪驳头和底领部分"群组"，复制、粘贴到衣身另一侧对称位置，如图2-4-48所示。

3. 绘制衣身结构分割线（图2-4-48）

4. 绘制袖子

（1）绘制一个矩形框，如图2-4-49所示。

（2）用"形状"工具调节各点，形成完整的袖效果，如图2-4-50所示。

（3）"群组"袖子，复制、粘贴在衣身另一侧，如图2-4-42所示。

5. 完成

用椭圆形工具绘制纽扣，并调整衣身整体效果，完成绘制，如图2-4-42所示。

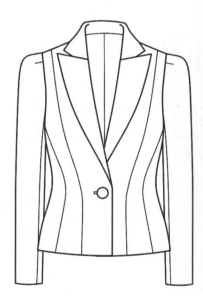

▲ 图2-4-42

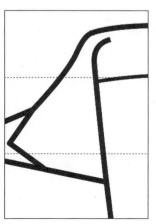

▲ 图2-4-47

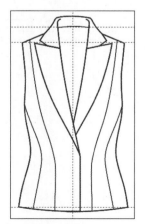

▲ 图2-4-48

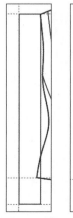

▲ 图2-4-49

◀ 图2-4-50

六、上装类应用图例（图2-4-51）

七、习题

模拟绘制上装类应用图例中的款式，并在此基础上变化设计新款。

第三章

色彩与材质设计

成衣的款式、色彩、材质构成成衣设计的三要素。成衣色彩设计的理论基础，依据色彩学的原理，遵循色彩学的规律。也就是说，色彩学是基础，成衣色彩应用则是色彩原理基础上的创造和延伸。但基于成衣色彩设计主要体现的是人体着装后的效果，品牌定位、消费群体甚至消费个体的体态、年龄、性别、肤色等均对其设计效果有重要的影响。

肌理是物象表面的纹理。从可感知的视觉效果上可分为视感肌理和触感肌理。肌理作为一种特殊的设计语言，是其它表达因素不可替代的。对服装特定材质——面料的表达和创新，能够最大限度地认识服装材质肌理的性格，拓展材质肌理应用的可能性，从而有效丰富成衣设计的整体效果，创造新颖的视觉外观和舒适的穿着体验，进一步增加成衣设计的成功概率。

第一节　成衣色彩设计

一、色彩设计原则

（一）色彩的三要素

色彩最基本的构成元素是明度、色相、纯度。在色彩学上，也称为色彩三要素或三属性。这三种要素各具特性，但绝不是孤立地发生作用，它们之间的关系是相互依存和制约的，不能相互替代。

1．明度

明度指色彩明暗、深浅的程度。明度对比则是指色彩间深浅层次的对比。

不同明度的色阶搭配在一起，画面会产生不同的调子，即高低调和长短调，运用低、中、高调和短、中、长调等六个因素可组合成许多明度对比基调，从而产生不同的视觉效果。高低调指明度的亮暗状况，长短调指明度色阶间隔距离的长短。高低调和长短调之间再相互组合成常用的九调，即高长调、高中调、高短调；中长调、中中调、中短调；低长调、低中调、低短调，如图3-1-1所示。

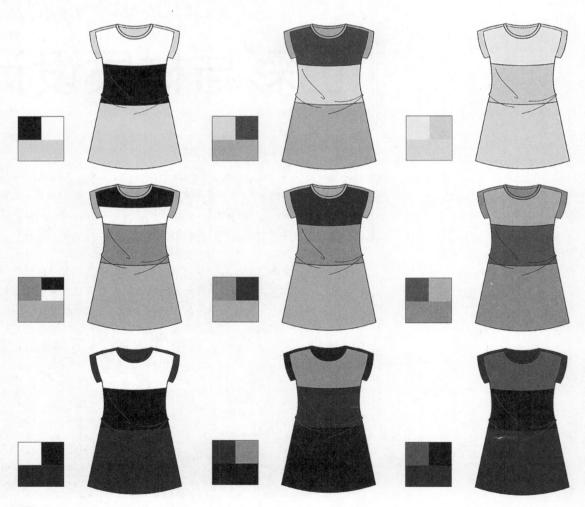

▲ 图3-1-1

2. 纯度

纯度指色彩的鲜艳程度或纯净程度。色彩的鲜艳与否取决于色彩波长的单一程度，色相越单一，色彩的鲜艳程度越高，反之亦然。

纯度对比即色彩间鲜艳程度的对比。在三要素中，纯度的细微变化是形成色彩丰富表情的重要因素，利用纯度变化可以造成无数带有色彩倾向的灰色。纯度对比可分为高纯度、中纯度和低纯度等基调的对比，如图3-1-2所示。纯度的强弱对比所产生的色彩效应有很大不同，强对比色彩效果鲜明肯定，而弱对比色彩效果更倾向于色彩调和。

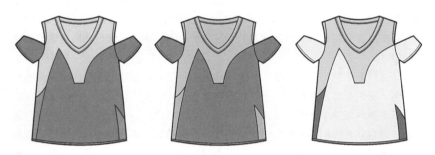

▲ 图3-1-2

3. 色相

色相是指色彩的相貌、名称，如红、黄、蓝等。色相是由于光波长短不同所产生的色彩样相变化，是色彩三属性中最积极活跃的要素。

色相对比是两个以上的色相并置产生差异造成的对比。它们由色相环上色相之间的距离长短、角度大小所决定，距离越近，角度越小，对比的效果越弱，反之则越强。可分为同类色、邻近色、对比色等对比色调，如图3-1-3所示。色相对比的强弱是调节色彩视觉效应的主要手段。

（二）色调

色调指构成的成衣整体色彩组合的总倾向。色调的形成是色相、明度、纯度、色性、面积等多种因素综合造成的。色彩三要素是色调产生变化的主导性构成因素，某一要素起主要作用，就可以称为某种色调，据此划分色调的类别。如以色相因素为主时可分为红色调、黄色调、蓝色调等；以明度因素为主时可分为亮色调、暗色调；以纯度为主时可分为鲜调、浊调，以色性为主时可分为暖色调、

▲ 图3-1-3

冷色调、中性色调、无彩色调等。

（三）流行色

在一定时期中被大多数人喜爱和接受而广为流行的色彩或色调称为流行色。流行色具有新颖、时髦、变化快的特点，对消费市场有一定的主导作用。流行色并非指的某一单一颜色，更多的时候是以色系的概念出现的。

流行色信息预测的实际应用，是服饰产业产品开发过程中的重要环节。不同的企业、不同的产品对流行色的应用程度也有较大差异，由于流行色变化较快，时间跨度小，更适用于一些年轻时尚品牌，因而每一季的流行色使用率比较高。而在一些自身风格比较鲜明的成熟女装品牌或男装品牌中，流行色所占的比重相对较小。

与流行色不同，常规色是指某个品牌或某种风格的服装每季会固定采用的几种颜色，有时更多的是几个色系。常规色在很大程度上呈现着产品的风格，在变幻莫测的时尚潮流中处于较稳定的状态。依据每年每季流行色的变化，每年每季确定的常规色也会相应变化，但这种变化会比较微妙，不会像流行色的倾向性那么强。不同品牌类型的服装，其目标消费群及产品定位和风格的不同，其常规色也会有很大的差别。如休闲装、职业装、男装、女装、童装、内衣，北方市场还是南方市场，国内还是国外……这一系列因素都会影响到常规色的选择。

流行色反映的是时代的审美潮流，是未来的消费趋势，而对产品的常规色的有效把握可以为企业的业绩和发展提供保障。设计师应该努力将流行色与常规色更好地结合起来，丰富和完善产品内容。

二、案例——色彩搭配

（一）图例（图3-1-4）

图3-1-4是一系列运动休闲青年女装设计，由运动衫和超短裙组成，时尚而活泼。因此色彩选用纯度较高的暖色系，运动衫分别采用明度渐变、邻近色对比和对比色对比的方式进行处理，包含了CorelDraw填色的基本方法：裙装为平涂，运动衫均采用渐变色进行填充。

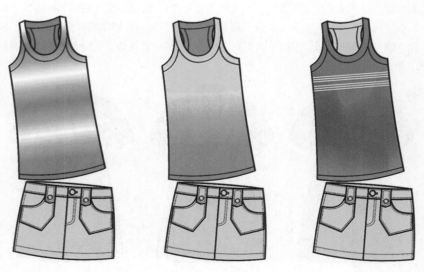

▲ 图3-1-4

（二）工具应用重点

（1）填充工具（均匀填充、渐变填充）。
（2）交互式填充工具、网状填充。

（三）操作步骤

1. 裙装绘制

（1）用"矩形框工具"绘制裙装基本形，并逐步绘制内结构线和细节。注意：裙装的外轮廓基本型是由矩形框变化而来的闭合图形，如果图形不闭合，就无法填入色彩，如图3-1-5所示。

（2）色彩均匀填充，如图3-1-6所示。

方法1：选中裙装，直接点击调色板中的色彩，即可填入。

方法2：选中裙装，点击工具栏中的"填充工具"按钮 ◇，选择第一项"均匀填充"，或双击状态栏右侧的填充图标，均可调出填色对话框，可在其中选取色彩进行填充。

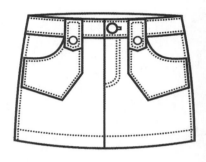

▲ 图3-1-5

2. 邻近色对比运动衫绘制

（1）用"矩形框工具"绘制运动衫基本形，并逐步绘制内结构线和细节。注意：运动衫背部也要先画一个闭合的矩形框，然后修改轮廓成为所需形态，并将其放置在图层底部，这样确保需要填充色彩的图形是闭合的，如图3-1-7所示。

（2）运动衫背部直接点击调色板进行均匀填充；选中运动衫前部，点击工具栏中的"填充工具"按钮 ◇，选择第2项"渐变填充"，调出对话框，设置填充类型为"线性"，角度为-90度，"双色"，并选取黄色和玫红色，点击确定按钮，如图3-1-8所示。

（3）点选工具栏中"交互式填充"按钮 ◇，在运动衫图形中出现调节图标，调节各点达到图3-1-9的效果。

▲ 图3-1-6

3. 明度渐变运动衫绘制

（1）操作步骤如同邻近色对比运动衫的操作顺序：复制一个运动衫款式图，运动衫背部直接点击调色板进行均匀填充；选中运动衫前部，点击工具栏中的"填充工具"按钮 ◇，选择第2项"渐变填充"，调出对话框，设置填充类型为

▲ 图3-1-7

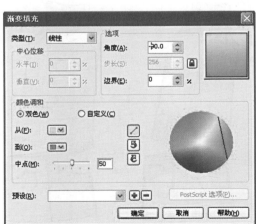

▲ 图3-1-8

▲ 图3-1-9

"线性",角度为-90度,"双色",并选取白色和红色。

(2)点选"自定义",在跳出的色彩框中双击上面的操纵杆,出现倒三角图标时,在右侧的调色板中选取相应色彩,或点击"其它"按钮进行更多颜色的选择;按住倒三角图标可拖动色块至所需位置,直至所需效果,点击确定按钮,如图3-1-10所示。

(3)如效果不理想,可点选工具栏中"交互式填充"按钮 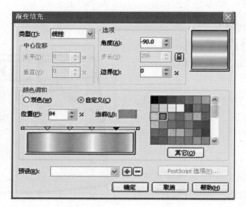,在运动衫图形中出现调节图标,调节各点达到图3-1-11的效果。

4.邻近色对比运动衫绘制

(1)操作步骤如同邻近色对比运动衫的操作顺序:复制一个运动衫款式图,运动衫背部直接点击调色板进行均匀填充;选中运动衫前部,点击工具栏中的"填充工具"按钮,选择第2项"渐变填充",调出对话框,设置填充类型为"线性",角度为-90度,"双色",并选取绿色和玫红色。

(2)点选工具栏中"交互式填充"按钮第二项"网状填充"按钮,在运动衫图形中出现网状调节点,调节各点出现不规则渐变效果,如图3-1-12所示。

(3)绘制运动衫前面的横向装饰线,使用"矩形框工具",完成效果如图3-1-13所示。

5.完成

组合各款式,并放置在同一画面,调节位置,形成最终效果图3-1-4。

▲ 图3-1-10

▲ 图3-1-11

▲ 图3-1-12

▲ 图3-1-13

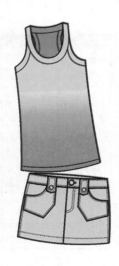

▲ 图3-1-4

三、案例——色彩与质感

（一）图例（图3-1-14）

图3-1-14是一款军旅风格的皮质夹克衫，质地厚实有光泽，装饰物较多。设计和绘制均较有难度，对色彩工具的运用需熟练到位。

▶ 图3-1-14

（二）工具应用重点

（1）填充工具（渐变填充）。

（2）交互式填充工具。

（3）调和工具（透明工具、阴影工具）。

（4）颜色滴管工具。

（三）操作步骤

1. 衣身款式绘制

（1）绘制矩形框，设置坐标辅助线，调节各线段成为衣身基本形状，如图3-1-15所示。

（2）绘制领形，使用"钢笔"工具绘制基本形，"形状工具"调节各点，"刻刀工具"分割成为领面和底领，复制、粘贴成为对称领形，如图3-1-16所示。

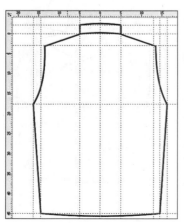

◀ 图3-1-15

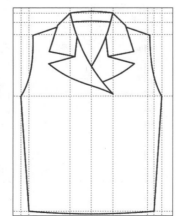

◀ 图3-1-16

2．拉链绘制

（1）"钢笔"工具画一个拉链元素，复制、粘贴至垂直下方，如图3-1-17所示。

（2）使用"调和工具"，设置相应步长，绘制出拉链形状；另绘制一个等长矩形框，如图3-1-18所示。

（3）将两个图形组合在一起，旋转调整至夹克衫所需倾斜度，如图3-1-19所示。

（4）使用"填充工具"中的"渐变填充"填入拉链色彩，类似金属色，使用"交互式填充"工具调整渐变方向至合适状态，如图3-1-20所示。

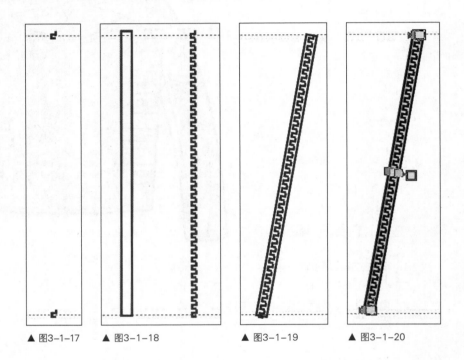

▲ 图3-1-17　　▲ 图3-1-18　　　▲ 图3-1-19　　　▲ 图3-1-20

3．衣身填充

（1）点选衣身图形，使用"填充工具"中的"渐变填充"，在调出的对话框中输入类型为"辐射"，设置填充颜色，如图3-1-21所示。

（2）使用"交互式填充"工具调整渐变方向至合适状态，如图3-1-22所示。

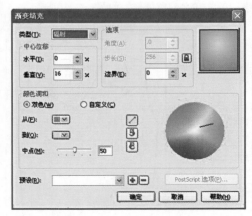

▲ 图3-1-21

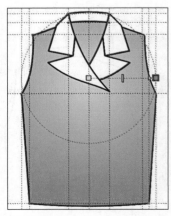

▲ 图3-1-22

（3）点选领形，重复操作步骤（1）和（2），为领形填充色彩，如图3-1-23所示。

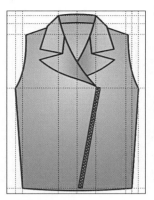

▲ 图3-1-23

4.　绘制肩章

（1）"矩形框工具"绘制肩章图形，如图3-1-24所示。

反复运用渐变填充工具填充肩章各组成部分的色彩，如图3-1-25所示。

5.　绘制打开的拉链

（1）直线打开的拉链。用"调和工具"绘制相应长度的拉链，方法如图拉链绘制步骤，但矩形框选取"无轮廓线"，调节至衣身相应位置，将领形调制上面图层，如图3-1-26、图3-1-27所示。

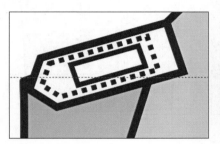

▲ 图3-1-24

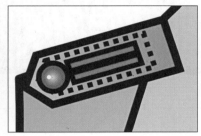

▲ 图3-1-25　　　　　▲ 图3-1-26　▲ 图3-1-27

（2）弯曲打开的拉链。用"调和工具"绘制相应长度的拉链，并复制一段与之贴合的衣领弧线，如图3-1-28所示；在"调和工具"状态下，点击工具属性栏中的"路径属性"按钮 ↘，点击"新路径"，将鼠标箭头指向衣领弧线，如图3-1-29所示。

（3）用"选取工具"选取衣领弧线，将轮廓线设置为"无"，如图3-1-30所示。

（4）绘制一个相应的弧线框，填入拉链渐变色，并将两个图形"群组"，如图3-1-31所示；将拉链放置到衣身相应位置，如图3-1-32所示。

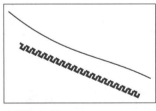
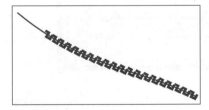

▲ 图3-1-28　　　　　▲ 图3-1-29　　　　　▲ 图3-1-30

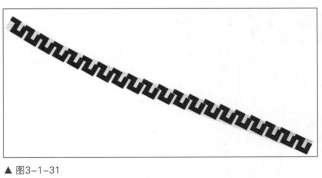
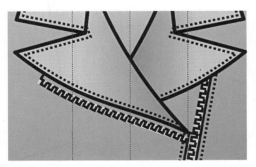

▲ 图3-1-31　　　　　　　　　　▲ 图3-1-32

6. 下摆松紧带绘制

在衣片下摆拉链两侧绘制松紧带结构，不填充，如图3-1-33所示。

7. 衣身大致效果（图3-1-34）

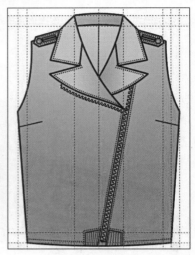

▶ 图3-1-34

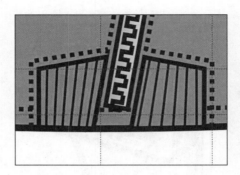

▶ 图3-1-33

8. 装饰拉链绘制

（1）单独绘制一组拉链组合效果：拉链图形用"调和工具"绘制，绘制好后点击菜单栏中"排列"—"拆分调和群组"，然后将其与其他图形群组，如图3-1-35所示。

（2）复制、粘贴3组在衣身一侧，并在衣身外部绘制一个贴合的图形，Shift+PgDn到图层最后面；点击新图形，选择菜单栏中的"排列"—"造型"，在跳出的泊坞窗状态下（图3-1-36、图3-1-37），点击"修剪"按钮，然后将鼠标放在需要剪切掉的衣身外的图形上，即将多余的衣身外的拉链图形依次剪掉，如图3-1-38所示。

◀ 图3-1-35
▼ 图3-1-37

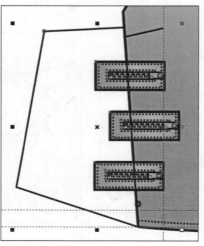

▶ 图3-1-36

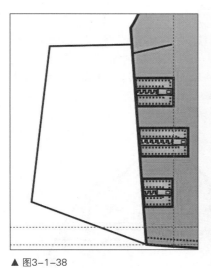
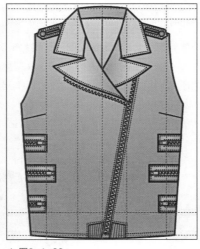
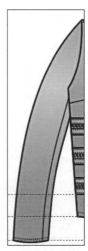

▲ 图3-1-38　　　　　　　　　　▲ 图3-1-39　　　　　　　　　　▲ 图3-1-40

9. 袖部绘制

（1）用"矩形框工具"绘制袖形、袖章，五角星装饰采用"多边形工具" ，
第2项"星形" ，设置边数为5，进行绘制，如图3-1-39~图3-1-41所示。

（2）将一侧袖子复制、粘贴到衣身另一侧，得到整体效果，如图3-1-42
所示。

10. 色彩深入刻画

（1）调整领部线条。将底领部分的轮廓线选为"无轮廓线"，复制、粘贴一
个，位置不动将轮廓线改为0.3mm，黑实线，不填充；选用"形状工具"将与后
领部分的节点"拆分"，并将轮廓线弧度调节成图3-1-43的状态。

（2）在领一侧受光部和背光部的位置反复绘制形状不同的楔形，如图3-1-44
所示。

（3）填充色彩，使用"透明工具"调整至合适透明渐变色，如图3-1-45、图
3-1-46所示。

▲ 图3-1-41

▲ 图3-1-42

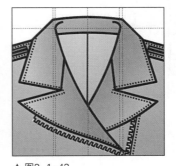

▲ 图3-1-43

▼ 图3-1-44

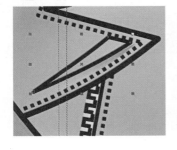

▼ 图3-1-45

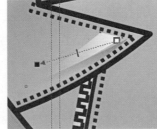

▼ 图3-1-46

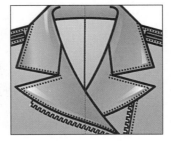

（4）同样办法反复绘制衣身和袖身的受光部和背光部，如图3-1-47所示。

（5）全选整体服装图形，点击工具属性栏中的"创建边界"按钮 ，获得一个外轮廓线，F12调整轮廓线宽度为相对较粗，如0.35mm，如图3-1-48所示。

（6）选取工具栏中的"调和工具"第4项"阴影"，在工具属性栏中选择"平面右下"，并设置相关参数，如图3-1-49、图3-1-50所示。

（7）获得最终服装效果，如图3-1-14所示。

▲ 图3-1-47

▲ 图3-1-48

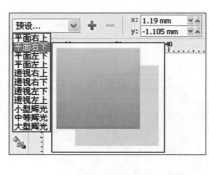

▲ 图3-1-49
◀ 图3-1-50
▶ 图3-1-14

四、习题

任选前面章节中的款式图，为它们进行色彩设计，分别做不同色调搭配练习。

▌第二节 图案设计

一、图案设计原则

与其他装饰图案相比，服饰图案大概是与人关系最直接、最密切的。服饰图案首先应当遵循图案设计的一般规律性原则，即形式美法则、图案形象塑造、图案组织构成以及图案色彩表现等，但就成衣设计师而言，接触更多的可能是适应性的装饰处理，而不只是单纯的纺织织物设计。

服饰图案设计需围绕服装的款式风格、质地材料、装饰部位、工艺制作及着装者、着装环境等一系列因素进行设计。同一款成衣款式，由于服饰图案和色彩以及相应的材质选取，往往具有截然不同的风格特征。如图3-2-1、图3-2-2、图3-2-3对图案、色彩、材质均有不同侧重。同一款式对图案形式、色彩和材质应用与组合的不同，产生了适合不同性格的消费者个体穿着的风格。

▲ 图3-2-1

▲ 图3-2-2

▲ 图3-2-3

在实际工作中，成衣设计师自己设计图案的情况并不多，而经常是利用现成的面料图案或其他作品为自己的创作设计服务。因此，设计师需要具备识别、选择图案的才能，能够巧妙应用现成图案作品传达创意，完善设计。

常见的图案可分为单独式图案与连续式图案。

（一）单独式图案

单独式图案是指具有相对独立性和完整性的，能够单独用于装饰的图案，有自由式、适合式两种。

（二）连续式图案

连续式图案是将单位纹样按照一定格式有规律反复排列并能无限延续的图

案，分为二方连续和四方连续两类，其结构形式较单独式图案复杂。

如图3-2-4所示，图左为单独式图案应用，图中和右为连续式图案应用。

▲ 图3-2-4

二、案例——连续式图案

（一）图例（图3-2-5）

这是一款四方连续式纺织图案应用款式，成衣设计师一般是根据提供的面料纹样特征进行相应的设计构思，因此，纹样特征和款式特征如何进行最恰当的结合是设计的重点。在用CorelDRAW进行表现时，方法有很多种，如：可直接导入位图扫描图案进行应用，也可直接绘制制作纹样，最基本的方法是直接绘制。

▶ 图3-2-5

（二）操作步骤

（1）绘制上衣款式图，注意最后将蝴蝶结部分单独"群组"，衣身、绣片以及领口部分群组为一个图形，如图3-2-6所示。

（2）花卉图案绘制。

1）绘制一个三角形，如图3-2-7所示。

2）用"形状工具"调整成为弧线形状，作为花瓣，填充为浅灰色，如图3-2-8所示。

3）将花瓣复制、粘贴为6个，围绕组成花朵，并用"椭圆形工具"按住Shift键绘制正圆作为花心，如图3-2-9所示。

4）复制、粘贴为4个花朵，并填充为不同的颜色，"群组"，如图3-2-10所示。

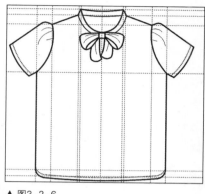

▲ 图3-2-6

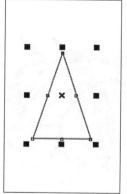

▲ 图3-2-7

▲ 图3-2-8

▲ 图3-2-9

▲ 图3-2-10

5）绘制一个不小于上衣整体廓形的矩形框，填充底色；复制、粘贴1组花朵组合至矩形框下部，使用"调和工具"在两组花朵组合之间进行调和，设置相应步长，如图3-2-11所示。

6）复制、粘贴更多的花朵列，调整排列顺序，排满矩形框，与矩形框"群组"，放置在上衣款式图旁边备用，如图3-2-12所示。

▲ 图3-2-11

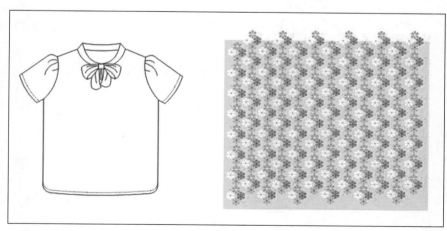

▲ 图3-2-12

（3）图案填充。选中图案"群组"图形，点击菜单栏中的"效果"—"图框精确裁剪"—"放置在容器中"，然后将鼠标箭头分别指向上衣廓形和蝴蝶结，进行图案填充；绘制小的阴影轮廓，并填充为稍深的灰色，点击"调和工具"中的"透明工具"进行相应调整，如图3-2-13所示。

（4）分别选中蝴蝶结"群组"图形和上衣轮廓的"群组"图形，选用"调和工具"中的"阴影"工具，预设阴影形式为"平面右下"，"阴影的不透明度"为30，"阴影羽化"为5，如图3-2-13、图3-2-14、图3-2-5所示，完成整体绘制。

▲ 图3-2-13

◀ 图3-2-5
▼ 图3-2-14

三、案例——几何形图案

（一）图例（图3-2-15）

几何纹样在服饰方面的应用相当广泛，人体自身的曲线和肢体运动使服饰中的几何纹样更具有平面装饰时所无法比拟的丰富性。几何纹样具有简洁大方的美感和十足的现代气息，因而在成衣设计中成为一种独特的设计风格，历久不衰。

（二）操作步骤

1. 绘制裙装款式图（图3-2-16）

2. 图案绘制

（1）绘制宽度渐变的矩形框，填色，并使矩形框的间隔距离渐变，如图3-2-17所示。

（2）绘制一个梯形，长度略大于裙片长度；将蓝色条纹旋转，至合适位置，如图3-2-18所示。

（3）将梯形在腰线位置的一点拆分，并围绕蓝色条纹将不要的部分框住，如图3-2-19所示。

▲ 图3-2-15

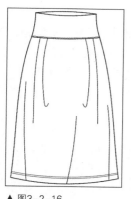

▲ 图3-2-16

▲ 图3-2-17

▲ 图3-2-18

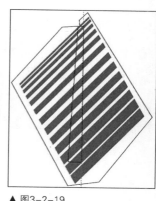

▲ 图3-2-19

（4）Shift+PgDn将梯形放置在最下层，选中梯形，点选菜单工具栏"排列"—"造形"—"造形"，在跳出的泊坞窗中勾选"来源对象"，点击"修剪"，将鼠标箭头放在不要的蓝色条纹上，如图3-2-20所示，删除梯形。

（5）将修剪好的蓝色条纹复制粘贴、水平翻转，并使之与原图形准确对接，点击工具属性栏中的"合并"按钮，如图3-2-21所示。

（6）重复第5步操作5次，得到可以覆盖整条裙片的图形，将它放置在裙片基本型旁边备用，如图3-2-22所示。

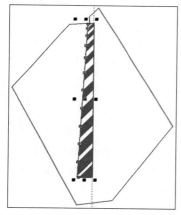

▲ 图3-2-20

▲ 图3-2-21

▲ 图3-2-22

（7）点选蓝色条纹图形，选取菜单栏中的"效果"—"图框精确裁剪"—"放置在容器中"，然后将鼠标箭头指向裙片；在裙片内右击鼠标，在跳出的对话框中选取"编辑内容"，调整蓝色条纹在裙片中的位置，完成后右击鼠标，在跳出的对话框中选取"结束编辑"，得到效果如图3-2-23所示。

▲ 图3-2-23

3. 裙腰绘制

（1）为裙腰填充色彩，选择"渐变填充"工具；同时绘制几个裙片阴影图形，填充后选择"透明工具"调整为透明的阴影色，如图3-2-24所示。

（2）绘制条形矩形框，调整成为弧线造型，选择"渐变填充"；选取"调和"工具设置相应步长，得到针织罗纹效果，如图3-2-25所示。

4. 完成

复制、粘贴到腰部另一侧，完成裙腰绘制，整个裙装效果完成，如图3-2-15所示。

▶图3-2-24

▲ 图3-2-25
▶ 图3-2-15

四、案例——混搭图案

（一）图例（图3-2-26）

图3-2-26中的款式以图案混搭为设计重点，包含了二方连续、四方连续、单独纹样的应用；从图案内容上应用了花卉纹样和几何纹样。虽然东西很多，整个设计却显得井然有序，层次即清晰又丰富，成功体现了近年来成衣设计的混搭风格。

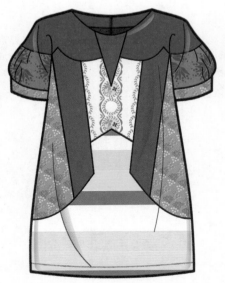

◀图3-2-26

（二）操作步骤

1．连衣裙款式图绘制

（1）绘制连衣裙廓形，使用"矩形框工具"，并添加坐标辅助线调整成为裙形曲线。注意：露出的后领口部分也要用一个闭合图形来完成，如图3-2-27所示。

（2）使用"刻刀工具"，将连衣裙肩部横向分割，填充为白色并使用形状工具调整为对称的弧线造型；使用刻刀工具分割袖克夫部分，填充为白色调节成为弧线造型，如图3-2-28所示。

（3）添加后领贴边，使用"矩形框工具"绘制；并添加后领隐形拉链；增加前片肩袖间的弧线，使之形成穿着状态，如图3-2-29所示。

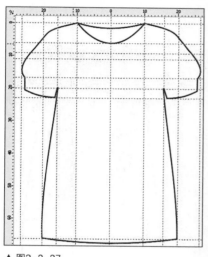

▲ 图3-2-27

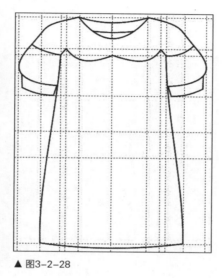

▲ 图3-2-28

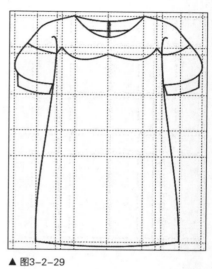

▲ 图3-2-29

（4）绘制领口的倒三角图形；将裙片下半部分复制、粘贴，并修改外轮廓成为图3-2-30的造型。

（5）添加裙中部的长条形分割裙片和中间的倒梯形分割裙片。注意：每个图形都应该是闭合的，但图形之间的轮廓线是重合的，此步骤可使用刻刀工具分割中段裙片，也可直接在中段裙片上进行绘制，如图3-2-31所示。

（6）为裙身增加一些褶皱曲线作为细节，并"群组"这些线条，如图3-2-32所示。

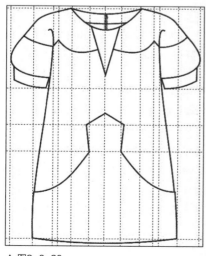

▲ 图3-2-30

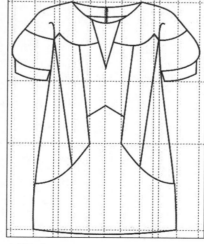

▲ 图3-2-31

▲ 图3-2-32

▲ 图3-2-33

2. 袖部图案绘制

（1）用"2点线"工具绘制一个花瓣基本型，用"形状工具"调节各点形成曲线；复制、粘贴、旋转花瓣组合成为花朵形状，如图3-2-33所示。

（2）将花朵复制、粘贴，"水平镜像"或"垂直镜像"，组合成为一个四方连续图案，如图3-2-34所示；复制、粘贴四方连续图案，使之形成一个可以覆盖袖形填充部分的区域，如图3-2-35所示。

（3）全选花卉图案，点击菜单栏中的"效果"—"图框精确裁剪"—"放置在容器中"，点击袖部进行填充，如图3-2-36所示。

▲ 图3-2-34

▲ 图3-2-35

▲ 图3-2-36

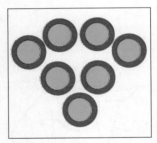

▲ 图3-2-37

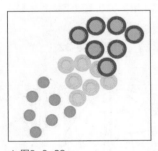

▲ 图3-2-38

3. 裙片中部图案绘制

（1）用"椭圆形工具"按住Shift键绘制几个正圆，组成扇形图形，如图3-2-37所示。

（2）复制、粘贴基本型，修改颜色和方向，形成效果如图3-2-38所示。

（3）在画面中拉一条纵向坐标辅助线，双击后旋转角度为-45度，将基本型"群组"图形复制、粘贴拉开一定距离，在辅助线上放好位置，如图3-2-39所示；使用"调和工具"设置一定步长，效果如图3-2-40所示。

（4）复制、粘贴斜条形图案，形成效果如图3-2-41所示。

（5）全部选中图案，点击菜单栏中"效果"—"图框精确裁剪"—"放置在容器中"，点击裙片相应部和袖克夫部位进行填充，如图案位置不理想，右击鼠标选取"编辑内容"，调整好后右击鼠标"结束编辑"即可，形成效果如图3-2-42所示。

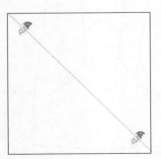

▲ 图3-2-39

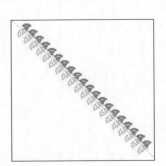

▲ 图3-2-40

▲ 图3-2-41

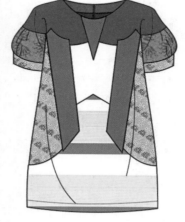

▲ 图3-2-42

4. 前胸图案绘制

（1）绘制一个麦芽形图案，如图3-2-43所示。

（2）用"调和工具"组成一个麦芽串，并填充色彩，绘制1/4圆形弧线备用，如图3-2-44所示；使用调和工具属性栏中的"路径属性"—"新路径"，将鼠标箭头指向1/4圆形弧线，得到效果如图3-2-45所示；用选取工具点击1/4圆形弧线，调节轮廓线为"无轮廓线"，将其复制、粘贴旋转即组合成为正圆形麦芽图案，如图3-2-46、图3-2-47所示；将其复制、粘贴连接即组合成为线形装饰线，如图3-2-48所示；将组合好的图案放置在胸部基本形旁边备用，如图3-2-49所示。

▲ 图3-2-43

▲ 图3-2-44

▲ 图3-2-45

▲ 图3-2-46

▲ 图3-2-47

▲ 图3-2-48

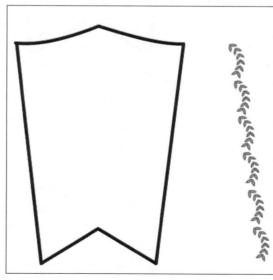

▲ 图3-2-49

（3）全部选中图案，点击菜单栏中"效果"—"图框精确裁剪"—"放置在容器中"，点击前胸图形进行填充，如图案位置不理想，右击鼠标选取"编辑内容"，调整好后右击鼠标"结束编辑"即可，形成效果如图3-2-50所示。

（4）绘制一组小花和正圆，如图3-2-51所示；点击菜单栏中"效果"—"图框精确裁剪"—"放置在容器中"，对正圆图形进行填充，形成效果如图3-2-52所示。

▲ 图3-2-50

▲ 图3-2-51   ▲ 图3-2-52

（5）将圆形图案放置在前胸图案合适位置，"群组"，形成效果如图3-2-53、图3-2-54所示。

▲ 图3-2-53   ▲ 图3-2-54

5. 裙下摆图案绘制

（1）绘制一组不同宽度的矩形，填充为不同颜色，"群组"后放置在裙摆旁边备用，如图3-2-55所示。

（2）选中图案，点击菜单栏中"效果"—"图框精确裁剪"—"放置在容器中"，点击前胸图形进行填充，如图案位置不理想，右击鼠标选取"编辑内容"，调整好后右击鼠标"结束编辑"即可，形成效果如图3-2-56、图3-2-57所示。

6. 裙体外轮廓线加粗效果

（1）绘制裙身的阴影效果和高光效果。使用"2点线"工具绘制基本形，"形状工具"调节为弧线，填充深灰阴影色和白色高光色后，分别使用"调和工具"中的"透明工具"进行调节，使之呈现半透明效果，如图3-2-57所示。

（2）全选整个裙装，点击选取状态下的工具属性栏按钮"创建边界"按钮，获得外轮廓形，调整轮廓线弧度为0.35mm，完整最终效果，如图3-2-26所示。

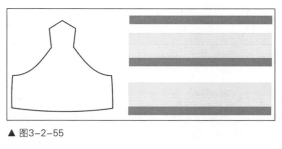
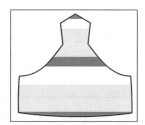

▲ 图3-2-55

▲ 图3-2-56

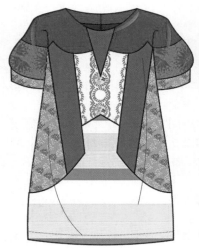
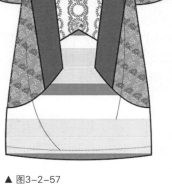

▲ 图3-2-57

▲ 图3-2-26

五、图案应用案例（图3-2-58、图3-2-59）

▲ 图3-2-58

▲ 图3-2-59

六、习题

搜集图案素材图片，仿制更多的图案效果，并应用这些图案进行成衣设计。

▌第三节 材质设计

一、材质设计原则

（一）材料分类

服装材质指服装材料的内在质地及外在肌理表现形式。随着社会文明和科技的进步，各种服装材料相继问世，不断推陈出新，其设计、生产、运用充分体现了技术性与艺术性的统一。根据服装材料在服装中所起的作用不同，一般可分为面料和辅料。进行设计时，服装材料的性能和特色须与服装造型、风格完美结合，相得益彰，如肌理、质地、图案、重量、悬垂性以及保暖性等。

1. 面料

按照服装的织物原料，服装用料基本上可分为三类：纤维制品、裘革制品以及其他特殊材料制品。

（1）纤维制品。可分为天然纤维和化学纤维。天然纤维包括植物纤维（棉、麻和动物纤维丝、毛；根据所用原料和加工方法的不同，化学纤维则主要分为再生纤维（人造纤维），如人造丝、人造棉和人造毛呢以及合成纤维，如涤纶、腈纶、锦纶、氨纶等。

（2）裘革制品。可分为天然皮革和人造皮革。天然皮革分为裘皮和革皮；人造皮革则分为人造裘皮、人造革皮、合成革皮。

（3）其他制品。主要包括不常用来作为服装材料的物品，如竹、木、石、骨、贝、金属等，在成衣设计中，一般多用在服装辅料或配饰中，达到丰富服装整体搭配的效果。也有设计师利用特殊材料来展示自己的某种概念或风格。

2. 辅料分类

构成服装时，除了面料以外用于服装上的一切材料都称为服装辅料。如里料、衬垫料、填料、缝纫线、扣紧性材料、装饰材料等。

（二）材质设计要求

（1）纤维纱线种类、粗细、结构质地应与服装档次相匹配。

（2）材质性能与服装功能相吻合。

（3）材质的视感及触感应符合服装风格，具有很好的艺术效果。

如图3-3-1所示，基于不同的服装风格，材质的设计也突破常规，运用非常规的材料如贝壳（图中）、金属饰片（图右）以及对材质进行堆积再造（图左）达到较强的艺术效果。

1. 正装与礼服

一般来说，西装、套装等适宜选取的面料有全毛精纺呢绒、细纺织物、粗纺呢绒以及质地优良的混纺的毛涤、毛腈、针织涤棉等；礼服则较多采用悬垂感好的丝绸、丝绒等面料，以刺绣、珠片以及其他附加的材质装饰手法加以丰富，增强立体感和精致感。

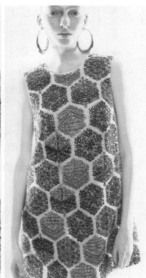

▲ 图3-3-1

2．休闲装

时尚休闲装的流行变化较快，突出设计的时尚前卫性，因此在材料选取上也较广泛，材质风格多变而价格相对偏低，以适合相对年轻和喜好多变的年轻消费群体；运动休闲装在材料选择上多采用透气、保暖、轻便、防水等适合运动需求的针织、机织物；职业休闲装则讲求舒适的穿着质地，体现轻松随意的生活气质，因此多选取舒适性能好的天然纤维织物。

3．儿童装

儿童装的重点是舒适、便于运动和防护性。在材料选择上适宜选取轻便、柔软、吸湿透气、便于打理的天然纤维以及绿色环保型材料，同时在织造结构上应具备结实耐磨的特点。

4．运动装

由于剧烈的活动，运动装要求服装材料具有足够的弹性、吸湿透气性、舒适性和功能性。应选择针织类、机织类的新型功能性材料，如涤盖棉、弹力面料、牛津布、起绒针织物、网眼织物以及各种防水透湿复合面料等。

二、案例——牛仔材质

（一）图例（图3-3-2）

牛仔装自问世以来就一直是盛行不衰的流行服装，其材质经过代代发展改良，而发展出众多细分风格，如磨洗效果、弹力效果、斜纹效果、平纹效果等。图3-3-2中的牛仔裤具有磨洗做旧效果，并用浅蓝和深蓝两种色彩来进行拼贴处理，是休闲感十足的女式时尚牛仔裤。绘制时重点在于做旧效果的处理。

（二）新工具应用重点

（1）效果（调整——亮度/对比度/强度）。

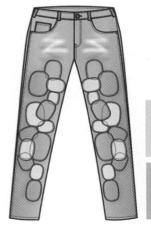

▲ 图3-3-2

（2）位图（转换为位图、模糊——高斯模糊）。

（3）艺术笔。

（4）调和工具（阴影——色彩设置）。

（三）操作步骤

1. 绘制牛仔裤款式图

（1）绘制牛仔裤款式图，如图3-3-3所示。

（2）将牛仔裤裤片上的装饰裁片单独"群组"并与裤形分开，备用，如图3-3-4所示。

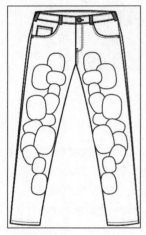 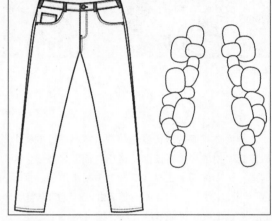

▲ 图3-3-3　　　　　　　　　▲ 图3-3-4

2. 牛仔部材质绘制

（1）抓取两条坐标辅助线，双击后将坐标辅助线旋转45度；绘制一个大小相当于裤子廓形的矩形框，放置在辅助线两端；在斜向辅助线上画直线，并复制到另一条辅助线上，如图3-3-5所示。

（2）点选工具栏中的"调合工具"，在两条斜线间设置相应步长，线段填充为蓝色，如图3-3-6所示。

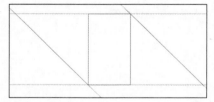 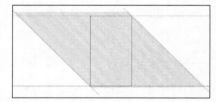

▲ 图3-3-5　　　　　　　　　▲ 图3-3-6

（3）选中矩形框，填充为渐变色，如图3-3-7所示；选中调和线段，点击菜单栏中"效果"—"图框精确裁剪"—"放置在容器中"，鼠标点选矩形框，完成裁切。

（4）点选菜单栏中"位图"—"转换为位图"，并继续点选"位图"—"模糊"—"高斯模糊"，设置模糊参数，如图3-3-8所示，完成牛仔布效果如图3-3-9所示。

（5）将其放置在牛仔裤旁边备用；并使用工具栏中"手绘工具"—"艺术笔"，设定相应参数，绘制线条，如图3-3-10、图3-3-11所示。

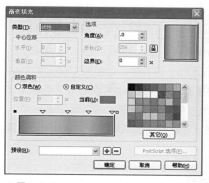

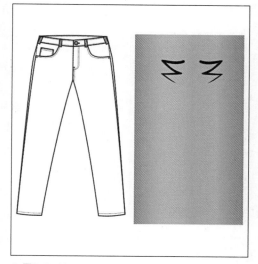

▲ 图3-3-7

▲ 图3-3-8

▲ 图3-3-9

▲ 图3-3-10

◀ 图3-3-11

（6）点选工具栏中"调和工具"—"阴影"，将艺术笔线条拉出阴影，设定阴影色彩为白色，如图3-3-12所示；将艺术笔线条删除；点选白色阴影，将其垂直翻转，并复制、粘贴一个，反向翻转后，更改阴影色彩为深蓝色，如图3-3-13所示。

（7）将两个阴影和牛仔布"群组"，点击菜单栏中"效果"—"图框精确裁剪"—"放置在容器中"，鼠标点选裤形，如裁切位置不理想，右击鼠标选取"编辑内容"，调整好后右击鼠标"结束编辑"即可，完成效果如图3-3-14所示。

3. 牛仔布色彩替换

（1）将一个裤腿上的牛仔布拼贴图形"解组"后，分为两个色彩预备组，将其中一个直接使用第2步骤中的（7），进行与裤片相同的填充，如3-3-15图右效果；把预备填充面料复制一个，点击菜单栏中"效果"—"调整"—"亮度/对比度/强度"，将亮度参数进行相应调整，可点击"预览"按钮看一下效果，之后点击"确定"，如图3-3-16所示；完成效果如图3-3-15图左。

（2）将填充好材质效果的两组牛仔布拼贴"群组"，效果如图3-3-17所示。

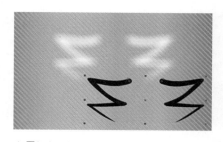

▲ 图3-3-12
▼ 图3-3-13

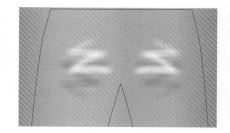

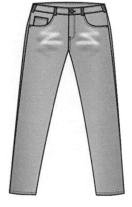

▲ 图3-3-14

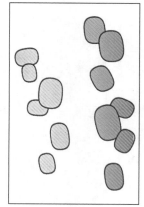

▲ 图3-3-15

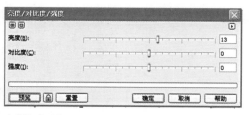

▲ 图3-3-16

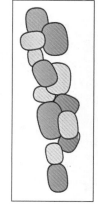

▲ 图3-3-17

4. 调整最后效果

（1）将牛仔布拼贴图形部分放回牛仔裤右侧裤片相应位置，并点击"调和工具"—"阴影"，拉出阴影，设置阴影色为深蓝色，预设阴影模式为"平面右下"，调整好后将牛仔布拼贴图形部分复制、粘贴到另一裤片中，如图3-3-2所示。

（2）为牛仔布拼贴图形部分增加缝纫线迹，丰富效果，并将两组色彩的牛仔布裁切后放置在牛仔裤旁边，完成最终效果，如图3-3-2所示。

（3）如果对整体的色彩效果需要调整，可继续点击菜单栏中"效果"—"调整"，进行色彩微调，如图3-3-2所示。

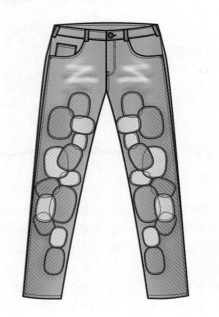

▶ 图3-3-2

三、案例——针织材质

（一）图例（图3-3-18）

针织物的基本组成结构是线圈，线圈的有序排列和变化构成针织材质的肌理变化。尤其是纬编针织物，厚实粗犷的手感和美感都极为独特。

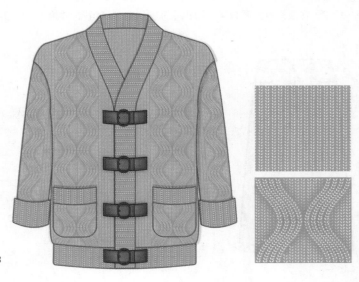

▶ 图3-3-18

（二）操作步骤

1. 针织平针效果绘制

（1）绘制一个平针线圈图形，并填充为渐变颜色，如图3-3-19、图3-3-20所示。

（2）将线圈图形水平复制若干，"群组"后使用"调和工具"，设置相应步长拉出一组平针线圈图形，如图3-3-21所示。

（3）绘制一个与线圈群组图形大小相等的矩形框，填充橘红底色，Shift+PgDn放置到后面图层作为底色；全选这两组图形，点击菜单栏中的"位图"—"转换为位图"，得到效果如图3-3-22所示。

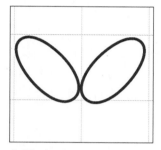

▲ 图3-3-19

▲ 图3-3-20

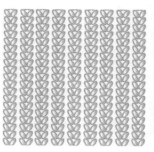

▲ 图3-3-21

▲ 图3-3-22

2. 针织绞花效果绘制

（1）复制、粘贴图3-3-20线圈图形；可在菜单栏中打开"视图"—"网格"，作为绘图的参照依据，在两个网格中绘制一条对角线，并调节为"S"弧线，尽量保持上下对称；使用"调和工具"拉出一串线圈图形，点击工具属性栏中的"新路径"，将鼠标指向"S"弧线，并点击工具属性栏中的"更多调和选项"中的"旋转全部对象"，调整线圈的旋转方向，直至图3-3-23效果；使用"选取工具"点击"S"弧线，更替轮廓线效果为"无轮廓线"，如图3-2-24所示。

（2）复制、粘贴四组"S"线圈，并再复制、粘贴水平翻转四组，在空余部分添加均匀的平针线圈组，如图3-2-25所示；将左侧线圈组复制后粘贴至右侧下方，将右侧线圈组复制后粘贴至左侧下方，组合成为一组绞花图形，如图3-3-26所示。

（3）使用"选取工具"，按住Shift键选取16组"S"线圈并"群组"；选取工具栏中"调和工具"—"阴影"，预设阴影效果为"小型辉光"，阴影色彩调为深橘红色，调节图形中的调节杆到适宜位置，如图3-2-27所示。

▲ 图3-3-23

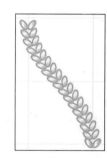

▲ 图3-2-24

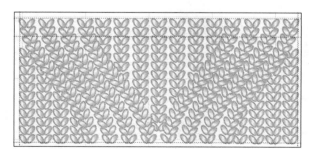

▲ 图3-2-25

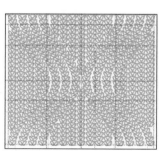

▲ 图3-2-26

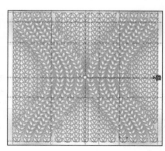

▲ 图3-2-27

（4）绘制一个大小与线圈组相等的矩形框，填充底色为橘红色，Shift+PgDn放置到后面图层作为底色；全选这两组图形，点击菜单栏中的"位图"—"转换为位图"，得到效果如图3-3-28所示。

（5）再绘制一个大小相等的矩形框，"转换为曲线"，选择一个节点拆分后，将矩形框图形改变为框选住线圈外围的闭合图形，如图3-3-29所示。

（6）选中新图形，Shift+PgDn放置到后面图层；再次选中新图形，点击菜单栏中"排列"—"造形"—"造形"，在跳出的泊坞窗中选择"来源对象"，点击"修剪"按钮，将鼠标箭头指向线圈图形外的辉光，即可将其修剪掉；删除新图形，效果如图3-3-30所示。

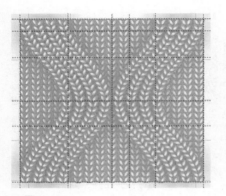

▲ 图3-3-28

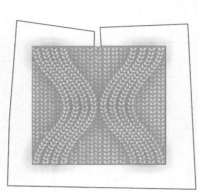

▲ 图3-3-29

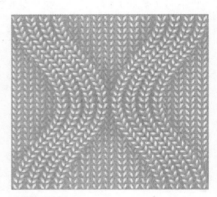

▲ 图3-3-30

3. 毛衫材质效果绘制

（1）绘制毛衫款式图，注意衣片、袖、前领、后领、口袋罗纹部分、下摆罗纹部分、袖口罗纹部分均为闭合的对称图形，为填充对称效果做准备，如图3-3-31所示。

（2）将上面两组针织效果复制、粘贴为面积不小于款式图衣身大小的图形，复制、粘贴若干份备用。注意：两组针织效果如需放缩的话要同时放缩（可先"群组"，然后选中按住Shift键，将鼠标放在图形四个端点中的一个，当箭头出现4个方向时，可拖动图形进行对称放缩）以避免比例误差，而且在后面每一个部位的填充中都应保持相同的比例大小，如图3-3-32所示。

▶ 图3-3-31

▲ 图3-3-32

（3）填充衣片和袖片。选中针织图形，点击菜单栏中"效果"—"图框精确裁剪"—"放置容器中"，点击左衣片进行填充，如位置不理想，右击鼠标选取"编辑内容"，调整好后右击鼠标"结束编辑"即可；将左片衣片复制、粘贴至右边，形成对称效果，将原有右片删除；袖片同样方法处理，效果如图3-3-33所示。

（4）填充领口、下摆、口袋和袖口的罗纹。将图3-3-21的线圈组距离调大，即可组成罗纹效果，转换为位图，复制、粘贴若干份备用；选中一份罗纹图形，点击菜单栏中"效果"—"图框精确裁剪"—"放置容器中"，点击相应进行填充，如位置不理想，右击鼠标选取"编辑内容"，调整好后右击鼠标"结束编辑"即可；领口填充时将罗纹图形旋转90度调为横向再进行填充；修改所有轮廓线色彩为深橘红色，完成效果如图3-3-34所示。

（5）分别点选衣片、领片和口袋及袖口罗纹部分，使用工具栏中"调和"—"阴影"，调节阴影杆至合适位置，使服装呈现略微的阴影效果，如图3-3-35所示。

4. 皮褡袢绘制

分别使用矩形框工具和椭圆形工具绘制皮带和扣袢，填充为渐变色；"群组"后复制一组在最下方，然后使用"调和"工具设置步长为4，完成绘制；选取菜单栏中"排列"—"拆分调和群组"，然后点选"调和"工具—"阴影"，为每一个皮搭袢添加相同的阴影效果，完成服装整体绘制，如图3-3-36所示。

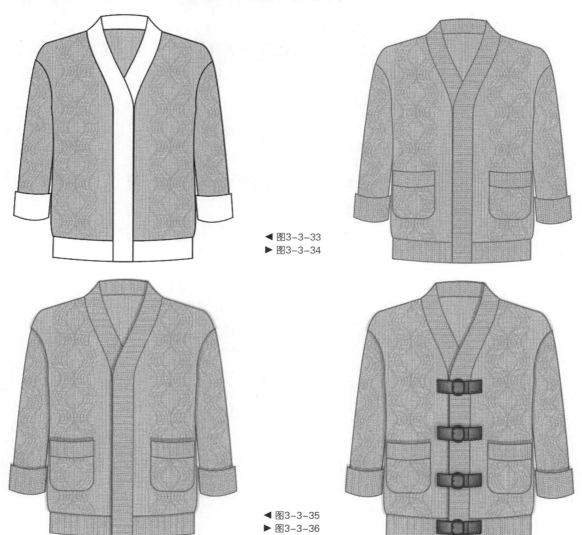

◀图3-3-33
▶图3-3-34

◀图3-3-35
▶图3-3-36

5. 完成

将完成的服装效果和两块针织小样组合在同一画面中，完成最终效果如图
3-3-18所示。

▲ 图3-3-18

四、习题

搜集材质素材图片，仿制更多的材质效果，如人字呢、皮革、皮草、丝绸
等，并应用这些材质进行成衣设计。

第四章

着装效果设计

▌第一节 人体动态设计

成衣设计是围绕人体进行的设计活动，但为了突出表现成衣设计重点，人体总是表现得相对简略甚至对动态的处理带有一定的程式化。虽如此，人体基本的结构、骨骼、肌肉比例关系以及姿态都应该相对准确合理，这样才有助于服装效果的表达。

一、衣用人体比例与结构

（一）衣用人体比例

7至7个半头是正常人体身高比例，8至8个半头是理想人体比例，也是成衣设计表现的常用比例。而重点突出个性化风格的时装绘画的人体比例一般以8个半头至9个头最多，有的甚至夸张到10至12个头，目的在于进一步夸张服装特点、表达艺术风格，满足视觉上的需求，尤其强调腿的长度。如图4-1-1所示，在不同风格的绘画表现中，人体比例的应用也有所不同。

▲ 图4-1-1

（二）人体结构

人体结构由头、颈、躯干和四肢组成，其中躯干主要由胸腔和盆腔构成，用几何体来表现，头部是一个椭圆的球体，颈部是一个圆柱体，四肢是圆柱体和椎体，躯干则由一个倒置的相对较大的梯形（胸腔）和一个正置的相对稍小的梯形（盆腔）构成，脊柱起连接作用，如图4-1-2所示。但值得注意的是，在人体中没有一个部位是笔直的，弯曲的骨骼和肌肉形态所组成的人体是有节奏变化的。因此，如果把手臂、腿等画的完全垂直，就会僵硬死板、缺乏美感，如图4-1-3所示。

二、人体动态

（一）脊柱运动与摆胯

人体躯干的较大型运动主要受脊柱运动的影响。人体静止站立时，脊柱是与地面保持垂直的，相应地与贯穿锁骨、腰线和两胯的几条平行线保持水平状态；当脊柱向一侧弯曲，一侧的髋部也相应提起，而肩部必然随之下降得以平衡，此时这一侧的外轮廓线曲折起伏，而相对另一侧躯干轮廓线呈现平缓的拉伸，形成模特姿态的摆胯动作，如图4-1-4所示。

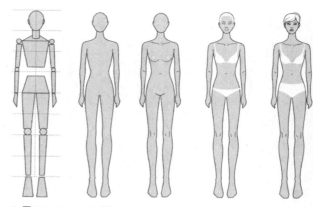

▲ 图4-1-2　　▲ 图4-1-3

（二）重心线

在人体静止站立时，从颈窝垂直向下所引的直线称为重心线。静态站立的人体是对称平衡的，双腿支撑时两腿平均受力，因此重心线落在两脚之间。当双腿不平均受力时，重心向主要受力方偏移，如图4-1-5所示。

保持重心平衡，四肢做相应的运动姿态，就形成服装模特动作中最丰富和优美的部分。如图4-1-6、图4-1-7所示。需要把握的三点是：

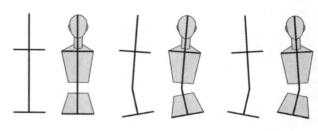

▲ 图4-1-4

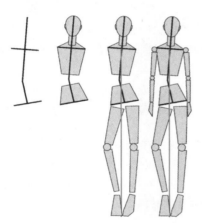

▲ 图4-1-5

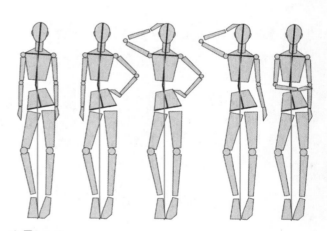

▲ 图4-1-6

（1）准确把握人体在运动中的中心所在，重心是通过腿部的支撑方式确定的，根据两腿受力的分布，重心线从颈窝垂直落在支撑的支点处。

（2）两腿动态应形成主次、前后、松紧、曲直等相对变化对比关系，从而增加动态的丰富性。

（3）虽然重心平衡是一项表现动态很有用的公式，但是也有例外，如处于剧烈运动过程的人体，在一瞬间重心往往是不平衡的，一般不用于服装效果的表达。

（三）常规动态

成衣设计效果图中的动态往往较为程式化，这样更有利

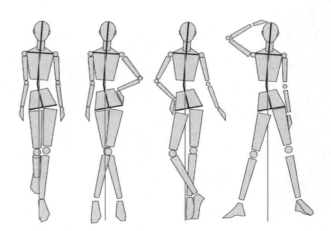

▲ 图4-1-7

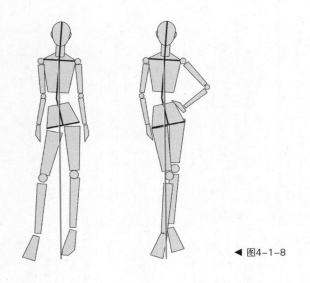

◀ 图4-1-8

于表达款式，以便于更加直观地得到预计的成衣效果。

动态一："休闲"动作是最基本的站姿，其他一些程式化的姿态，都可以由它派生而成，如图4-1-8左。其动作要点是：

（1）一腿向前跨出半步，全身重量大多数落在重力腿上。

（2）肩线很自然地向重力腿方向倾斜下沉。

（3）臀线因支撑作用向重力腿方向倾斜提升。

（4）非重力腿呈倾斜状，位置向前，略长于垂直状、位置稍向后的重力腿。

（5）从颈窝向地面作垂线的重心线不在两腿正中，而偏向重力腿。

动态二：此动作是模特儿在T台前端常用的"亮相"动作，如图4-1-8右，其动作要点有以下几点：

（1）非重力腿向重力腿稍靠近。

（2）双腿一直一曲，富有动感。

（3）单手掐腰，姿态优雅、柔美，富有女性特点。

三、人体与服装

（一）人体表现

在几何形体外部用圆顺的曲线为人体填充肌肉，使人体富有曲线美，即成为完整的人体状态，重点把握肘、腕、腰及踝部的关节部位，应圆润有形，突出骨感，如图4-1-9所示。

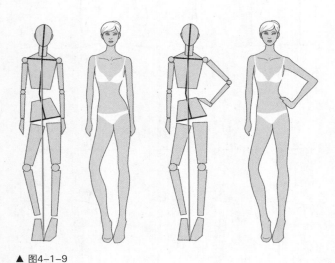

▲ 图4-1-9

（二）服装表现

在人体上表现着装状态，则应注意人体与服装的空间量的处理。服装的廓形就是基于服装各部位与人体的空间量的不同而产生的，从图4-1-10、图4-1-11中可以看到基本廓形与人体之间的空间关系。

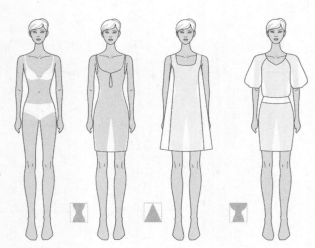

▲ 图4-1-10

▲ 图4-1-11

四、基础人体案例

（一）图例（图4-1-12）

　　图4-1-12中是一个端正站立的人体，调整身体各部位可变化出各种站姿，因此绘制好这个图例，可保存作为将来绘制更复杂姿态的基础模板。

（二）操作步骤

1. 人体绘制

　　（1）贝塞尔工具绘制一条横线，作为人体头顶的起始线；复制、粘贴至预想的人体脚腕位置；拉一条纵向中心辅助线，如图4-1-13所示；使用工具栏"调和工具"，在属性栏中设定调和对象步长为8，如图4-1-14所示。

　　（2）依次在画好的人体比例辅助线中添加几何图形，形成人体的基本形态，如图4-1-15所示。

　　（3）以几何形的人体为基础，绘制人体各部位曲线。可将临近的几个几何图形合并，再使用形状工具调整节点和曲线使之圆顺，如图4-1-16所示；添加各部位内轮廓曲线，如图4-1-17所示；贝塞尔工具绘制内衣，取消轮廓线，填充为白色，如图4-1-18所示。

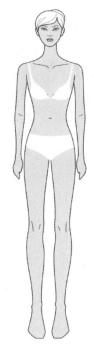

◀ 图4-1-12

▲ 图4-1-13

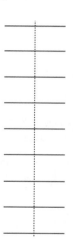

▲ 图4-1-14

▲ 图4-1-15

▲ 图4-1-16

▲ 图4-1-17

▲ 图4-1-18

2. 头部绘制

　　（1）贝塞尔工具绘制发型外轮廓线及内轮廓线，如图4-1-19所示；设定脸部五官的辅助线，如图4-1-19所示；贝塞尔工具绘制发丝，如图4-1-20所示。

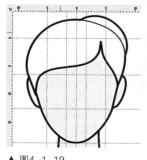

▲ 图4-1-19

▲ 图4-1-20

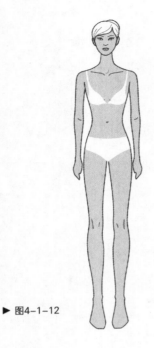

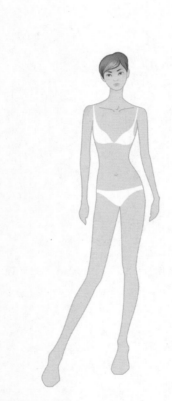

（2）眼部绘制。贝塞尔工具绘制眉毛及眼影、眼睛轮廓、眼球、眼线，如图4-1-21、图4-1-22所示；"群组"眼睛，复制、粘贴、水平翻转至脸的另一侧，如图4-1-23所示；绘制鼻线、嘴唇，如图4-1-24所示。注意：上唇和下唇分别是闭合的两个图形，以便于填充唇色和修改唇形。

基础人体绘制完成，效果如图4-1-12所示。

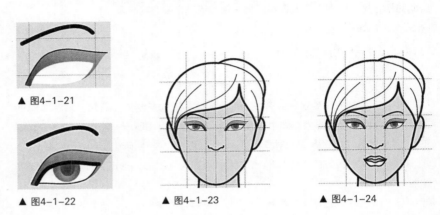

▲ 图4-1-21

▲ 图4-1-22　　　　▲ 图4-1-23　　　　▲ 图4-1-24

▶ 图4-1-12

五、彩色人体动态绘制案例

（一）图例（图4-1-25）

（二）操作步骤

1. 肤色绘制

（1）将做好的图4-1-12复制、粘贴至新文件中，使用刻刀工具将人体各部位分开，调整移动各部位形成新的动态，如图4-1-26所示。

（2）使用工具栏"形状工具"移动节点使之相接，同时选中躯体部分点击"选取工具"状态下的工具属性栏"合并"，将躯体重新结合在一起，使用"形状工具"调节圆顺弧线，如图4-1-27所示。

（3）选取工具栏"填充"——"均匀填充"工具，为人体填色；并将轮廓线颜色更改为深褐色，如图4-1-28所示。

▲ 图4-1-25

▲ 图4-1-26　　　　　▲ 图4-1-27　　　　　▲ 图4-1-28

2．眼睛绘制

（1）瞳仁和瞳孔、眼影分别用工具栏"填充"——"渐变填充"工具，填充为从黑到褐色的渐变色，填充类型为辐射，如图4-1-29、图4-1-30所示；眼影线更换为浅褐色（F12——轮廓线填充——选取相应色彩）。

（2）眼睑阴影。在上眼线和眼球之间绘制一个阴影区域，如图4-1-31所示；将这一区域渐变填充为深灰到浅灰的渐变色，填充类型为辐射，如果效果不理想点击工具栏中的"交互式填充工具"——"交互式填充"，使用调节杆调节视觉效果，如图4-1-32所示。

（3）瞳孔阴影与高光。在瞳孔相应位置绘制一个三角形阴影区域，将这一区域均匀填充为深灰，使用工具栏"调和工具"——"透明工具"，使用调节杆调节视觉效果，如图4-1-32所示。

在瞳孔相应位置绘制一个三角形高光区域，将这一区域均匀填充为白色，使用工具栏"调和工具"——"透明工具"，使用调节杆调节视觉效果，如图4-1-33所示。

（4）眼线绘制。将上眼线轮廓线变更为深褐色，下眼线轮廓线变更为浅褐色；同时选取眼睛所有部分，"群组"，复制、粘贴至另一眼睛位置，如图4-1-34所示。

调节：将复制的眼睛"解组"，单选眼球部分，水平翻转，使眼睛光线来源一致，如图4-1-35所示，眼睛效果完成。

（5）眉毛绘制。将原来的一条眉毛线条使用"形状工具"增加节点调节为一个图形区域，使用"渐变填充"为深褐到浅灰褐的渐变色，复制、粘贴至对称位置，如图4-1-35所示。

▲ 图4-1-29
▼ 图4-1-30

▲ 图4-1-31

▲ 图4-1-32

▲ 图4-1-33

▲ 图4-1-34

▶ 图4-1-35

▼ 图4-1-36

▼ 图4-1-37

3．嘴唇绘制

（1）选取嘴唇外轮廓图形，使用"渐变填充"为红到浅红的渐变色，填充类型为"辐射"，将鼠标放在预览渐变区域，可改变辐射的中心位置，调节"中点"可改变辐射大小，如图4-1-36、图4-1-37所示。

（2）将嘴唇中心区域填充为深红色，并添加嘴唇轮廓线，高光同样

▲ 图4-1-38　　　　　　　　　▲ 图4-1-39

▲ 图4-1-40　　　　　　　　　▲ 图4-1-41

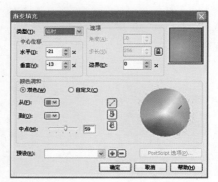

▲ 图4-1-42
► 图4-1-25

用"瞳孔高光"绘制办法来画，参见步骤2（3）；效果如图4-1-38所示。

4. 腮红绘制

（1）绘制一个椭圆，填充为浅红到肤色的渐变，如图4-1-39所示。

（2）将椭圆选中点击菜单栏"位图"—"转换为位图"，然后点击"位图"—"模糊"—"高斯模糊"，设置相应值，点击"预览"可查看效果，如图4-1-40所示。

（3）复制、粘贴至脸部另一侧，对称放好，如图4-1-41所示。

（4）在鼻尖上添加高光，如图4-1-41所示。

5. 头发绘制

（1）选中发型图形，使用"渐变填充"为深褐到黄褐的渐变色，填充类型为"辐射"，将鼠标放在预览渐变区域，可改变辐射的中心位置，调节"中点"可改变辐射大小，如图4-1-42所示；变更发型轮廓线颜色，如图4-1-43所示。

（2）分别绘制几个发型阴影区域，填充为相应渐变色，如图4-1-44所示。

（3）分别绘制几个层次的发型亮部区域，填充为相应渐变色，如图4-1-45所示。

（4）分别绘制3条发型高光区域，填充为白色，如图4-1-46所示，发型部分完成。

人体整体效果完成，如图4-1-25所示。

六、习题

熟练掌握基础人体案例和彩色人体动态案例，以方便下一章节的继续学习；自己设计一个动态并进行表现。

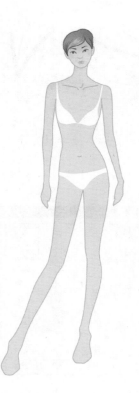

▲ 图4-1-43　　　　　　　　　▲ 图4-1-44

▲ 图4-1-45　　　　　　　　　▲ 图4-1-46

第二节 整体着装效果设计

一、写实效果设计

（一）图例（图4-2-1）

　　此款服装带有一点半透明纹理效果，感觉柔软温馨。袖部和衣身的半透明与不透明的效果产生很好的层次对比效果。在效果设计中，主要用渐变填充方法绘制，形象表现厚重细腻，加上少许的亮部和暗部处理，使服装具有一定的写实效果。

（二）新工具应用重点

　　调和工具（透明度——位图图样）。

▶ 图4-2-1

（三）操作步骤

1. 款式绘制

　　复制、粘贴人体模型（图4-1-25），绘制矩形框，作为服装的基础轮廓，使用"形状工具"调节各节点，并逐步绘画完成款式图。注意：衣身、衣领、后衣领、泡泡袖、前胸贴片均为单独的图形，以便于下面的填充，如图4-2-2、图4-2-3、图4-2-4、图4-2-5所示。

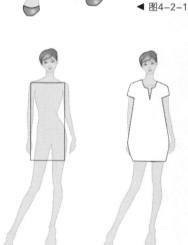

▲ 图4-2-2　　　　▲ 图4-2-3

2. 色彩与图案填充

　　（1）直接点击调色板，填充服装色彩，如图4-2-6所示。

　　（2）图案绘制。复制5个等大的正圆，改变外轮廓线形为虚线，全选后点击工具属性栏中"合并"，形成效果如图4-2-7所示；绘制5个等大的稍小的正圆，填充为白色，作为花瓣与前面图形组合，使用调和工具绘制数组花瓣，填充在一个有底色的矩形框中（具体方法参见第三章中图案一节），如图4-2-8所示。

▲ 图4-2-4

▲ 图4-2-5

▲ 图4-2-6

▲ 图4-2-7

▲ 图4-2-8

（3）将图案"群组"后复制几个，放在服装旁边，点击菜单栏中"效果"—"图框精确裁剪"—"放置在容器中"，分别填充前片贴片和前领部分，如图4-2-9、图4-2-10所示。

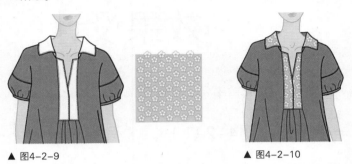

▲ 图4-2-9　　　　　　　　　　　　　　　▲ 图4-2-10

3. 衣身半透明效果绘制

（1）将衣身复制3个备用。

（2）选中一个衣身，点击工具栏中"调和工具"—"透明度"，在工具属性栏中设置相关参数，如图4-2-11所示。

▲ 图4-2-11

（3）在"第一种透明度挑选器"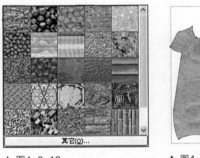的下拉菜单中，选取相应图样（第1个），如图4-2-12所示；效果如图4-2-13所示。

▲ 图4-2-12　　　　　　　　　　　　　　　▲ 图4-2-13

（4）将第2个衣身图形使用"透明度"—"线性"，调节为上半身透明效果，第3个衣身图形设置为无填充，只有轮廓线效果，如图4-2-14所示；将三个衣身依次放置在一起，轮廓线图形在最上面，"群组"，如图4-2-15所示。

（5）将原有衣身图形删除，换上新完成的衣身图形组，调节相应部位的图层顺序，效果如图4-2-16所示。

▲ 图4-2-14　　　　　　　　　　　　　　　▲ 图4-2-15　　　▲ 图4-2-16

4. 服装亮部和暗部绘制

（1）在连衣裙胯位画一个亮部区域，填充为白色，如图4-2-17所示。

（2）点击工具栏中"调和工具"—"透明度"，将其设置为半透明效果，如图4-2-18所示。

（3）在裙另一侧绘制一个暗部区域，填充为深紫色，如图4-2-19所示；点击工具栏中"调和工具"—"透明度"，将其设置为半透明效果，如图4-2-20所示。

（4）分别选中亮部区域和暗部区域，点击菜单栏"位图"—"转化为位图"，再次点击菜单栏"位图"—"模糊"—"高斯模糊"，设置模糊参数为5.0像素，获得效果如图4-2-21所示。

（5）重复亮部和暗部的绘制步骤，为肩部和泡泡袖部分增加亮部和暗部效果，如图4-2-22所示。

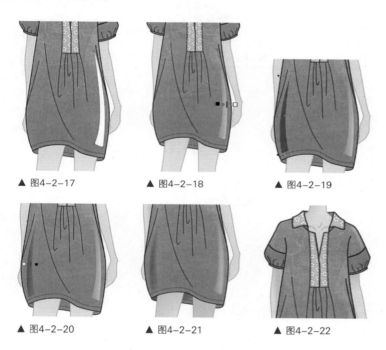

▲ 图4-2-17　　　　▲ 图4-2-18　　　　▲ 图4-2-19

▲ 图4-2-20　　　　▲ 图4-2-21　　　　▲ 图4-2-22

5. 人体阴影绘制

（1）将人体Shift+PgUp，放置在最前层，使用"刻刀工具"将四肢在裙的遮盖处分割开来，分别使用"渐变填充"使其形成从深棕到浅棕的过度肤色，使用"交互式填充工具"，调节操纵杆获得肢体或明或暗的相应效果，如图4-2-23、图4-2-24所示。

（2）将裙底部的效果同样调整为渐变阴影效果，如图4-2-25所示。

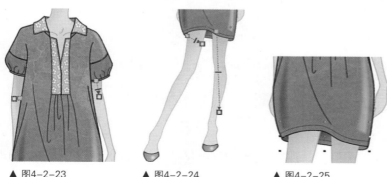

▲ 图4-2-23　　　　▲ 图4-2-24　　　　▲ 图4-2-25

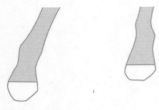

▲ 图4-2-26

6. 鞋子绘制

复制、粘贴腿图形，用"刻刀工具"在脚趾处分割，将上半部图形删除，脚趾部图形调整为鞋子的弧线效果，渐变填充，如图4-2-26~图4-2-28所示。

至此，整体效果图绘制完成，如图4-2-1所示。

▲ 图4-2-27

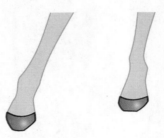

▲ 图4-2-28

▲ 图4-2-1

二、平涂勾线效果设计

（一）图例（图4-2-29）

这是一款帅气的连体装设计，在动态上选择立正姿态以突出休闲、宽松的设计风格，发型、表情均体现爽朗帅气的男孩子气。因此在效果图的绘制手法上，采用简略的平涂，处理出亮光部分即可，为了使整个画面不显得沉闷，重点使用了艺术笔对线条的粗细进行表现，突出轻松适意的休闲感。

（二）新工具应用重点

（1）艺术笔工具（属性调节、使用形状工具对其路径调节）。
（2）字体工具。

（三）操作步骤

1. 人体绘制

（1）复制、粘贴基础人体（图4-2-12），复制、粘贴至新文件中，如图4-2-30所示。

▲ 图4-2-29

（2）选取工具栏"刻刀工具"将人体从膝部、踝部分割开来，旋转调整位置，使腿部看起来并拢，如图4-2-31所示。

（3）选取分割开的腿部、脚部和躯体部分，点击工具属性栏中"合并" ⬚，使之重新成为整体；使用"形状工具"调节圆顺连接点，修正腿型，如图4-2-32所示。

（4）为人体填充肉色和轮廓色，如图4-2-33所示；将躯体再复制、粘贴两份，位置水平错开，如图4-2-33所示；同时选中两份复制人体，点击工具属性栏中"移除前面对象" ⬚，形成效果如图4-2-34所示。

（5）将此图形轮廓线设置为"无"，填充为白色，并且点击工具属性栏中"解组"、"拆分"按钮，依次将图形放置在人体右侧的相对应位置，作为人体的亮部处理，如图4-2-35所示。

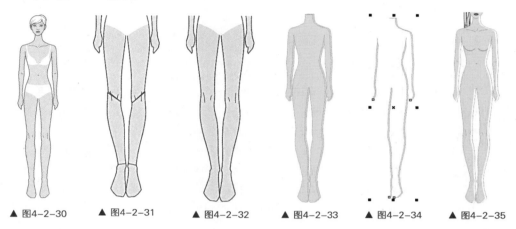

▲ 图4-2-30   ▲ 图4-2-31   ▲ 图4-2-32   ▲ 图4-2-33   ▲ 图4-2-34   ▲ 图4-2-35

2. 头部绘制

（1）重复第1步骤中（4）（5），增加脸部的亮度。注意：需将亮部的耳朵先行修改省掉，如图4-2-36、图4-2-37所示；绘制新发型。注意：辫子的外轮廓、前额部分分别是完整闭合的，然后用"2点线"工具分别添加发丝，并将发丝"群组"为一个图形备用，如图4-2-38所示。

（2）眼睛绘制。直接从前面案例——图4-1-12中复制、粘贴一个眼睛，放缩一下使之细长，旋转至合适角度放在眼睛部位，如瞳孔、眼线等局部有变形，则"解组"后依次调整即可，如图4-2-38所示。

（3）嘴唇绘制。与前面案例不同，此处的嘴唇需要单独绘制上唇和下唇，分别填充渐变色，嘴巴张开部位另画一图形放在底层，填充以深灰到褐色的渐变色，下唇底部画一三角阴影区域，填充以褐色，并使用"透明度"工具调节渐变层次，最后为下唇添加白色透明高光，如图4-2-39所示。

（4）头发绘制。为头发填充褐色；重复第1步骤中（4）（5），增加头发的亮部，最终效果如图4-2-40所示。

人体完成效果如图4-2-41所示。

▲ 图4-2-36   ▲ 图4-2-37   ▲ 图4-2-38   ▲ 图4-2-39   ▲ 图4-2-40   ▲ 图4-2-41

3. 服装基本廓形绘制

（1）在人体上绘制服装上半部分。首先绘制一个矩形框，如图4-2-42所示；"转化为曲线"后，"形状工具"调节各点形成衣片廓形，如图4-2-43所示；继续调节线段成为曲线效果，变更轮廓线为0.3mm，如图4-2-44所示。

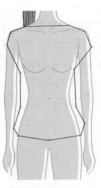

▲ 图4-2-42　　　　　　▲ 图4-2-43　　　　　　▲ 图4-2-44

（2）直接点击调色板，填充灰绿色，并且同样方法完成袖片绘制，调整图层顺序使袖片到衣身后面，如图4-2-45所示；"2点线"工具或"钢笔工具"绘制上衣褶皱，轮廓线宽度为0.15mm，如图4-2-46所示。

（3）裤装部分绘制。在腿部首先绘制一个矩形框，如图4-2-47所示；"转化为曲线"后，"形状工具"调节各点形成裤片廓形，变更轮廓线为0.3mm，如图4-2-48所示；直接点击调色板，填充灰绿色，"2点线"工具或"钢笔工具"绘制裤片褶皱，轮廓线宽度为0.15mm，如图4-2-49所示。

► 图4-2-45

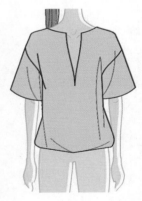

► 图4-2-46

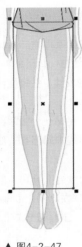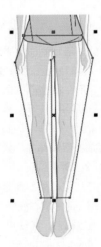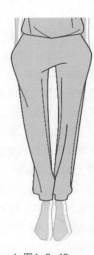

▲ 图4-2-47　　　　　　▲ 图4-2-48　　　　　　▲ 图4-2-49

（4）裤口绘制。"钢笔工具"绘制一个图形，框选住裤口部分，并且将上轮廓线调节为裤口需要的弧线，如图4-2-50所示；"选取工具"选取裤形和新绘制的图形，点击工具属性栏中的"相交"按钮 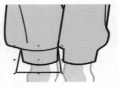，即形成一个新的裤口图形，将新绘制辅助图形删除，如图4-2-51所示；同样办法绘制另一裤口，如图4-2-52所示。

▲ 图4-2-50　　　　　　▲ 图4-2-51　　　　　　▲ 图4-2-52

4. 服装细节与亮部绘制

（1）前胸分割裁片绘制。在前胸用"钢笔工具"绘制一个分割裁片图形，如图4-2-53所示；"形状工具"调节圆顺、对称，如图4-2-54所示；"选取工具"选取衣身图形和新绘制的图形，点击工具属性栏中的"相交"按钮▣，即形成一个新的分割裁片图形，将新绘制辅助图形删除，如图4-2-55所示。

（2）衣领绘制。同样用"矩形框工具"绘制并使用"形状工具"调节圆顺；添加领片、前胸分割片的虚线缝纫线迹，宽度为0.15mm，将虚线部分"群组"为一组，如图4-2-56所示。

▲ 图4-2-53

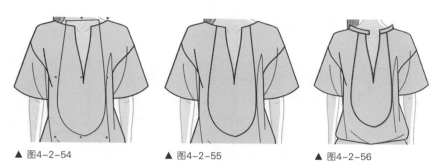

▲ 图4-2-54   ▲ 图4-2-55   ▲ 图4-2-56

（3）服装亮部绘制。将衣片、袖片、领片复制、粘贴一份，同时选中，点击工具属性栏"合并"按钮，如图4-2-57所示；再复制、粘贴一份，水平移动放置，如图4-2-58所示；同时选中两个图形，点击工具属性栏"移除前面对象"▣，形成效果如图4-2-59所示；将此图形轮廓线设置为"无"，填充为淡绿色，并且点击工具属性栏中"解组"、"拆分"按钮，删除掉多余部分，如图4-2-60所示；依次将图形放置在衣身右侧的相对应位置，作为服装的亮部处理，如图4-2-61所示。

（4）同样方法绘制裤装部分的亮部，如图4-2-62所示。

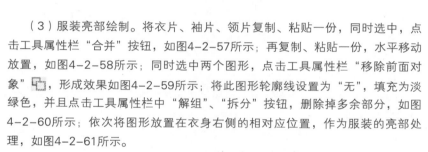

▲ 图4-2-57   ▲ 图4-2-58   ▲ 图4-2-59

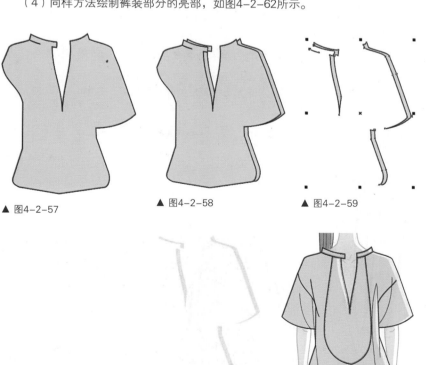
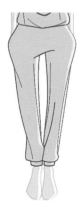

▲ 图4-2-60   ▲ 图4-2-61   ▲ 图4-2-62

注意：新添加的亮部图层可能覆盖住原有的线条和轮廓线，如果覆盖住原有的线条，只需点击线条使之"到图层最前面"即可（Shift+PgOn）；如果覆盖住轮廓线，就需要点击轮廓线所在图形，将轮廓线设置为"无"，然后复制、粘贴，取消填充，轮廓线设置为原定宽度（0.3mm），新复制的轮廓线所在图形由于在最上面图层，因而不会被亮部图形覆盖。

（5）前门襟、褶皱与纽扣绘制。前门襟、褶皱绘制可直接使用"钢笔工具"添加直线，调节为曲线即可；纽扣使用"椭圆形工具"绘制正圆（按住Shift键），如图4-2-63、图4-2-64所示。

（6）腰带绘制。使用"矩形框工具"和"形状工具"绘制，如图4-2-65所示。

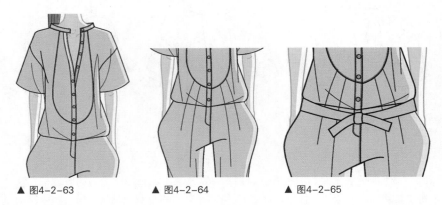

▲ 图4-2-63　　　　▲ 图4-2-64　　　　▲ 图4-2-65

5. 粗细勾线效果绘制

（1）选取工具栏"手绘工具"中的"艺术笔" ，在裤边绘制一条线条，如图4-2-66所示。

（2）调节工具属性栏参数，如图4-2-67所示。注意：线条的粗细需要随画随调节，以便于取得更丰富的线条变化效果。

（3）使用"形状工具"调节线形的节点，使之与原有裤线保持协调一致，如图4-2-68所示。

（4）重复（1）~（3），同样方法绘制衣身上半部的勾线效果，如图4-2-69所示。

（5）重复（1）~（3），同样方法绘制发型的勾线效果，如图4-2-70所示。

► 图4-2-66

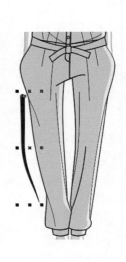

▲ 图4-2-67

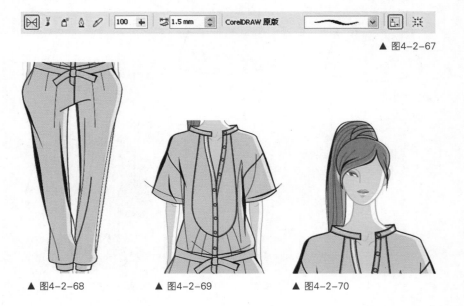

▲ 图4-2-68　　　　▲ 图4-2-69　　　　▲ 图4-2-70

6. 鞋子绘制

（1）将人体复制、粘贴一份，使用"刻刀工具"在脚趾、脚面部分各裁割一刀，将脚趾部分和人体上半部分删除，只余脚面部分，曲线调节为鞋子造型，如图4-2-71所示。

（2）为鞋面填充褐色，并处理出亮光部分，如图4-2-72所示。

（3）鞋面装饰绘制。使用"矩形工具"和"椭圆形工具"绘制鞋面装饰物，填充色彩，其中椭圆装饰物为渐变填充，设置相应参数如图4-2-73所示；完成鞋子效果如图4-2-74所示。

▲ 图4-2-71

▲ 图4-2-72

▲ 图4-2-73

▲ 图4-2-74

◀ 图4-2-75

7. 完成

至此完成全部服装效果设计，整体再调整查看一下，之后"群组"，如图4-2-75所示。

8. 背景绘制

（1）选取工具栏"字体"工具**字**，设置工具属性栏属性如图4-2-76所示；输入所需字母，复制、粘贴或水平翻转，变更大小，并点击调色板设置为不同色彩，效果如图4-2-77所示。

（2）"群组"字母图形，放在服装效果图层底部备用。

◀ 图4-2-77

◀ 图4-2-29

x: 97.936 mm　86.196 mm　　.0　　　　Baskerville Old Face　103.05...

y: 194.905 mm　21.885 mm

▲ 图4-2-76

预设...　　x: .0 mm　　　0　　50　　15　　　0　　50　　柔

　　　　　　y: .0 mm

▲ 图4-2-78

▶ 图4-2-79

（3）选取工具栏"调和工具"中的"阴影"，设置参数如图4-2-78所示，完成阴影效果如图4-2-79所示。

9. 完成

整体服装效果如图4-2-29所示。

三、习题

运用写实法或平涂勾线法进行着装效果设计，并体会不同的绘制手法对于成衣风格表达的重要性。

第三节 系列着装效果设计

系列设计指在一组成衣产品中至少有一种共同的元素，如风格、款式、面料、色彩或工艺等。这一共同的元素是这组系列的核心设计点，其设计方法是将这些设计点扩大、延伸至一组或几组产品中，使这些产品既和谐统一又富于变化。由于系列设计有共同的设计元素，便于陈列、搭配，因此有利于销售。系列设计是成衣设计常用的设计策略。

系列设计遵循以下设计原则：

（1）统一且富于变化，使整组成衣效果层次分明有序，同时单品细节丰富，形成相对均衡又充实的视觉效果。

（2）设计点具有吸引力。

（3）系列设计应有主有次，如分为主打产品、衬托产品、延伸产品、尝试产品等，以适应消费者不同的消费需求。

一、系列设计图例（图4-3-1）

▲ 图4-3-1

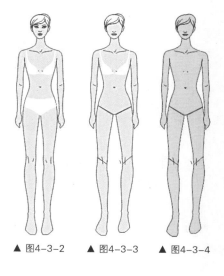

▲ 图4-3-2　　　▲ 图4-3-3　　　▲ 图4-3-4

　　这是一组时尚女装系列设计，圆点图案是共同的设计元素。为了体现款式本身的特点，人体动态采用统一的站立姿势，以简单的动态衬托丰富的细节设计，具有时尚气质。

二、操作步骤

1. 人体绘制

（1）调取已画好的基础人体（图4-1-12）到新文件中，如图4-3-2所示。

（2）选取刻刀工具将腿部分割，分别旋转调整至所需站姿，如图4-3-3所示。

（3）为人体添加肤色，如图4-3-4所示。

2. 头部绘制

（1）选取形状工具调整发型，并设定外轮廓线为0.2mm，内轮廓线为0.1mm，如图4-3-5所示。

（2）选取渐变填充工具填充发色，并使用交互式填充工具调整渐变的角度和面积，如图4-3-6所示；选取面部，点选网状填充工具，并使用形状工具调整填充节点，使之形成符合脸部轮廓的填充效果，如图4-3-7所示。

（3）选取贝塞尔工具勾画头发的亮部形状，填充为白色，选取透明度工具，调整透明角度和面积，使之形成头发的亮部渐变效果，如图4-3-8所示。

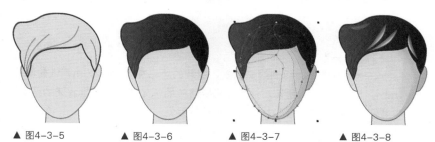

▲ 图4-3-5　　　▲ 图4-3-6　　　▲ 图4-3-7　　　▲ 图4-3-8

3. 脸部绘制

（1）在脸部适当位置勾画眼窝轮廓，取消轮廓线，填充为渐变色，如图4-3-9、图4-3-10所示。

（2）交替使用贝塞尔工具和形状工具绘制眼睛，取消轮廓线，并分别填充为渐变色，如图4-3-11所示；使用贝塞尔工具和形状工具绘制上眼线，轮廓线加粗，如图4-3-12所示；"群组"眼睛，复制、粘贴、水平翻转至对称眼部位置，完成眼睛绘制，如图4-3-13所示。

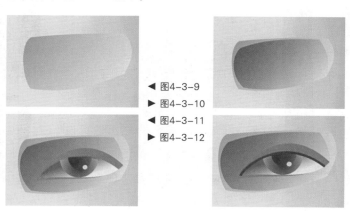

◀ 图4-3-9
▶ 图4-3-10
◀ 图4-3-11
▶ 图4-3-12

▼ 图4-3-13

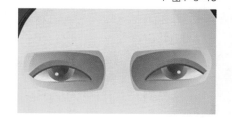

（3）嘴唇绘制。交替使用贝塞尔工具和形状工具绘制上下唇，取消轮廓线，并分别填充为渐变色，如图4-3-14所示；交替使用贝塞尔工具和形状工具绘制下唇阴影，填充为渐变色，并添加下唇轮廓线，如图4-3-15所示；同样方法绘制上唇阴影，如图4-3-16所示。

  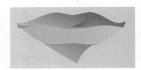

▲ 图4-3-14　　　　　　▲ 图4-3-15　　　　　　▲ 图4-3-16

（4）同样方法绘制鼻部线条及阴影，同时添加嘴部高光，如图4-3-17所示。
（5）头部及脸部整体效果如图4-3-18所示，添加脸部高光如图4-3-19所示。
（6）将绘制好的人体整体复制、粘贴3份备用。

▲ 图4-3-20

▲ 图4-3-17　　　　　　▲ 图4-3-18　　　　　　▲ 图4-3-19

4．款式一绘制

（1）在一个人体图上绘制线描服装，服装的外轮廓线为0.2mm，内轮廓线为0.1mm，如图4-3-20所示。注意：将要填色的单元图形分别是封闭的图形，最好将装饰用的褶线等"群组"以避免移动时丢失。

（2）将服装外套各部分分别进行渐变填充，效果如图4-3-21所示。

（3）绘制一组圆点图案，如图4-3-22所示；选取圆点图案，点选菜单栏中"效果"—"图框精确裁剪"—"放置容器中"，鼠标箭头指向服装需填充部位，右击鼠标选取"编辑内容"，移动调整图案在服装轮廓中的位置，右击鼠标选取"结束编辑"，效果如图4-3-23所示。

▲ 图4-3-21　　　　　　▲ 图4-3-22　　　　　　▲ 图4-3-23

（4）将里面的针织衫图形Shift+PgUp，使之到图层最前面便于绘制；填充为渐变灰色；选取菜单栏中"位图"—"转换为位图"，如图4-3-24所示；点击"位图"—"杂点"—"添加杂点"，在跳出的对话框中选择"杂点类型"为"均匀"，调节各数值，点击"预览"按钮查看效果并且修改，如图4-3-25所示。

▲ 图4-3-24

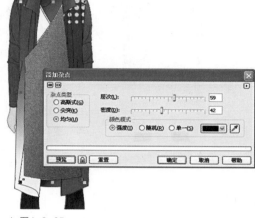

▲ 图4-3-25

（5）渐变填充针织衫的领口罗纹部分，并与刚绘制完的一侧针织衫图形"群组"，复制、粘贴成为针织衫另一侧，使之对称；点选外套两个前片，选取工具栏中"阴影"工具，调节阴影杠杆，形成在针织衫上的阴影效果，如图4-3-26所示。

（6）腰带绘制。单击画好的腰带扣图形，渐变填充，如图4-3-27所示；选取菜单栏中"位图"—"转换为位图"；点击"位图"—"杂点"—"添加杂点"，在跳出的对话框中选择"杂点类型"为"均匀"，调节各数值，点击"预览"按钮查看效果并且修改，如图4-3-28所示；渐变填充腰带，并与腰带扣"群组"；选取工具栏中"阴影"工具，调节阴影杠杆，形成腰带在针织衫上的阴影效果，如图4-3-29所示。

（7）款式一绘制完成，整体效果如图4-3-30所示。

◄ 图4-3-26
▼ 图4-3-27

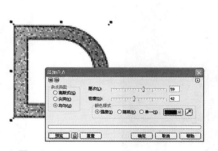

▲ 图4-3-28

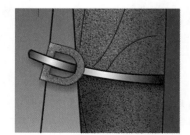

▲ 图4-3-29

▲ 图4-3-30

5. 款式二绘制

（1）在一个人体图上绘制线描服装，服装的外轮廓线为0.2mm，内轮廓线为0.1mm，如图4-3-31所示；将要填色的单元图形分别是封闭的图形，最好将装饰用的褶线等"群组"以避免移动时丢失。

（2）渐变填充服装各个部位，如图4-3-32所示。

（3）绘制一组圆点图形，"群组"，并复制若干备用；选取一组圆点图形，点选菜单栏中"效果"—"图框精确裁剪"—"放置容器中"，鼠标箭头指向服装需填充部位，右击鼠标选取"编辑内容"，移动调整图案在服装轮廓中的位置，右击鼠标选取"结束编辑"，效果如图4-3-33、图4-3-34、图4-3-35、图4-3-36所示。

（4）针织领绘制。步骤如款式一第4步骤，获得效果如图4-3-37所示；贝塞尔工具绘制领片上的亮光部分，填充为白色；点取工具栏中的"透明度"工具，调节透明杠杆获取预期的透明效果；选取菜单栏中"位图"—"转换为位图"，"位图"—"模糊"—"高斯式模糊"，获得效果如图4-3-38所示。

（5）款式二绘制完成，整体效果如图4-3-39所示。

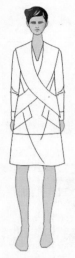

▲ 图4-3-31

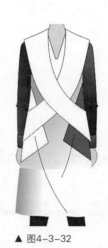

▲ 图4-3-32

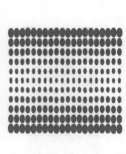

▲ 图4-3-33

▲ 图4-3-34　　　▲ 图4-3-35

▲ 图4-3-36

▲ 图4-3-37

▲ 图4-3-38

▲ 图4-3-39

6. 款式三绘制

（1）在一个人体图上绘制线描服装，服装的外轮廓线为0.2mm，内轮廓线为0.1mm，如图4-3-40所示；将要填色的单元图形分别是封闭的图形，最好将装饰用的褶线等"群组"以避免移动时丢失。

（2）渐变填充服装各个部位，如图4-3-41所示。

（3）选取上衣的前片，应用工具栏中"阴影"工具，调节阴影杠杆使之形成有层次的阴影效果，如图4-3-42所示。

▲ 图4-3-40　　　　　▲ 图4-3-41　　　　　▲ 图4-3-42

（4）绘制一组圆点图形，"群组"，并复制若干备用；选取一组圆点图形，点选菜单栏中"效果"—"图框精确裁剪"—"放置容器中"，鼠标箭头指向服装需填充部位，右击鼠标选取"编辑内容"，移动调整图案在服装轮廓中的位置，右击鼠标选取"结束编辑"，效果如图4-3-43、图4-3-44、图4-3-45、图4-3-46所示。

（5）款式三绘制完成，整体效果如图4-3-46所示。

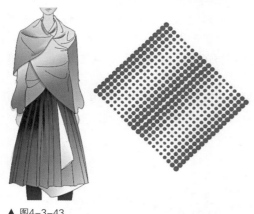

▲ 图4-3-43

▲ 图4-3-44

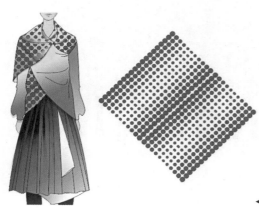

◀ 图4-3-45

▶ 图4-3-46

7. 背景效果绘制

（1）分别选取款式一、二、三，如图4-3-47所示；全选款式一，点击属性栏中"创建边界"按钮，获得图形如图4-3-48所示；应用工具栏中"形状"工具，调节各点使其外形与原款式一图形大致相当。

（2）填充为深灰色，选取工具栏"透明度"工具，调节杠杆使头部的透明度较强，获得效果如图4-3-49所示。

（3）将三个款式的阴影"群组"，放置在三个款式图的后面，效果如图4-3-50所示。

▲ 图4-3-47　　　　▲ 图4-3-48　　　　▲ 图4-3-49　　　　　　　　▲ 图4-3-50

（4）地面绘制。绘制一个矩形框，填充为渐变色，选取菜单栏中"位图"—"转换为位图"、"位图"—"杂点"，获得效果如图4-3-51所示；将矩形地面效果放置在款式组图的后部，如图4-3-51所示。

（5）将"群组"的三个款式阴影图形复制、粘贴2份，交叉放置形成人群效果，如图4-3-52所示。

（6）将人群阴影效果"群组"后放置在图的最后面，形成最终效果图4-3-1。

▲ 图4-3-51

▲ 图4-3-52

▲ 图4-3-1

三、习题

　　根据某一设计主题设计一组成衣，注意运用共同的设计元素，使之形成丰富变化的系列效果。

参考文献

[1] 朱焕良，许先智. 服装材料. 北京：中国纺织出版社，2004.

[2] 丰蔚. 成衣设计项目教学. 北京：中国水利水电出版社，2010.

[3] 庞绮. 时装画表现技法. 南昌：江西美术出版社，2005.

[4] 谭国亮. 品牌服装产品规划. 北京：中国纺织出版社，2007.

[5] Cally Blackman. 100 Years of Fashion Illustration. London: Laurence King Publishing, 2007.

[6] 装苑. 东京：文化出版局. 2009–2010.

[7] MODE et MODE été 2010. Tokyo: MODE et MODE SHA LTD.2010.

[8] 穿针引线网. http://www.eeff.net